前　言

　　《AutoCAD 2012（中文版）项目化教程习题集》是为了满足各类高等院校、职业学院（学校）、技工学校及电脑培训机构所开设的AutoCAD课程的教学需要而编写的，也可作为AutoCAD爱好者以及广大工程技术人员的参考用书。

　　本习题集分十五个项目，分别是：直线命令绘制简单平面图形、平面图形的绘制与编辑（一）、平面图形的绘制与编辑（二）、平面图形的绘制与编辑（三）、三视图的绘制与编辑、剖视图的绘制与编辑、书写文字、传动轴零件图的绘制、圆柱齿轮零件图的绘制、箱体零件图的绘制、装配图的CAD设计、三维绘图、根据零件图绘制机械装配图、图纸布局与打印输出。

　　本习题集由郭建华、黄琳莲任主编，于艳丽、黄琦任副主编，顾晔任主审。郭建华编写项目一、四、五、八、十三；黄琳莲编写项目二、三、六、十、十二、十四；于艳丽编写项目七、九；黄琦编写项目十一、十五。

　　由于编者水平有限，书中难免存在错误和不妥之处，敬请读者批评指正。

编　者

AutoCAD 2012(中文版)项目化教程习题集

主　编　郭建华　黄琳莲
副主编　于艳丽　黄　琦
主　审　顾晔任

北京理工大学出版社
BEIJING INSTITUTE OF TECHNOLOGY PRESS

内 容 简 介

本习题集分十五个项目，分别是：直线命令绘制简单平面图形、平面图形的绘制与编辑（一）、平面图形的绘制与编辑（二）、平面图形的绘制与编辑（三）、三视图的绘制与编辑、剖视图的绘制与编辑、书写文字、传动轴零件图的绘制、圆柱齿轮零件图的绘制、箱体零件图的绘制、装配图的 CAD 设计、三维绘图、根据零件图绘制机械装配图、图纸布局与打印输出。

本习题集与《AutoCAD 2012（中文版）项目化教程》配套使用可满足各类高等院校、职业学院（学校）、技工学校及电脑培训机构所开设的 AutoCAD 课程的教学需要，也可作为 AutoCAD 爱好者以及广大工程技术人员的参考用书。

版权专有　侵权必究

图书在版编目（CIP）数据

AutoCAD 2012（中文版）项目化教程习题集/郭建华，黄琳莲主编 . —北京：北京理工大学出版社，2017.12（2022.1重印）
ISBN 978-7-5682-4905-8

Ⅰ. ①A… Ⅱ. ①郭… ②黄… Ⅲ. ①AutoCAD 软件-习题集 Ⅳ. ①TP391.72-44

中国版本图书馆 CIP 数据核字（2017）第 246314 号

出版发行 / 北京理工大学出版社有限责任公司
社　　址 / 北京市海淀区中关村南大街 5 号
邮　　编 / 100081
电　　话 /（010）68914775（总编室）
　　　　　（010）82562903（教材售后服务热线）
　　　　　（010）68948351（其他图书服务热线）
网　　址 / http://www.bitpress.com.cn
经　　销 / 全国各地新华书店
印　　刷 / 三河市天利华印刷装订有限公司
开　　本 / 787 毫米×1092 毫米　1/16
印　　张 / 7.25
字　　数 / 171 千字
版　　次 / 2017 年 12 月第 1 版　2022 年 1 月第 7 次印刷
定　　价 / 24.00 元

责任编辑 / 赵　岩
文案编辑 / 梁　潇
责任校对 / 周瑞红
责任印制 / 李　洋

图书出现印装质量问题，请拨打售后服务热线，本社负责调换

目　　录

项目一　　初识 AutoCAD 2012、用直线命令绘制简单平面图形 ………………………………………… 1
项目二　　平面图形绘制与编辑（一） …………………………………………………………………… 7
项目三　　平面图形绘制与编辑（二） …………………………………………………………………… 13
项目四　　平面图形绘制与编辑（三） …………………………………………………………………… 20
项目五　　三视图的绘制与编辑 …………………………………………………………………………… 28
项目六　　剖视图的绘制与编辑 …………………………………………………………………………… 34
项目七　　书写文字 ………………………………………………………………………………………… 44
项目八　　图块、外部参照与设计中心 …………………………………………………………………… 47
项目九　　传动轴零件图的绘制和尺寸标注 ……………………………………………………………… 51
项目十　　圆柱齿轮零件图的绘制和尺寸标注 …………………………………………………………… 58
项目十一　箱体零件图的绘制 ……………………………………………………………………………… 68
项目十二　三维绘图 ………………………………………………………………………………………… 72
项目十三　复杂组合体三维建模 …………………………………………………………………………… 76
项目十四　根据零件图绘制机械装配图 …………………………………………………………………… 83
项目十五　图纸布局与打印输出 …………………………………………………………………………… 106

项目一　初识 AutoCAD 2012、用直线命令绘制简单平面图形

按照给定的尺寸 1∶1 绘制下列平面图形。

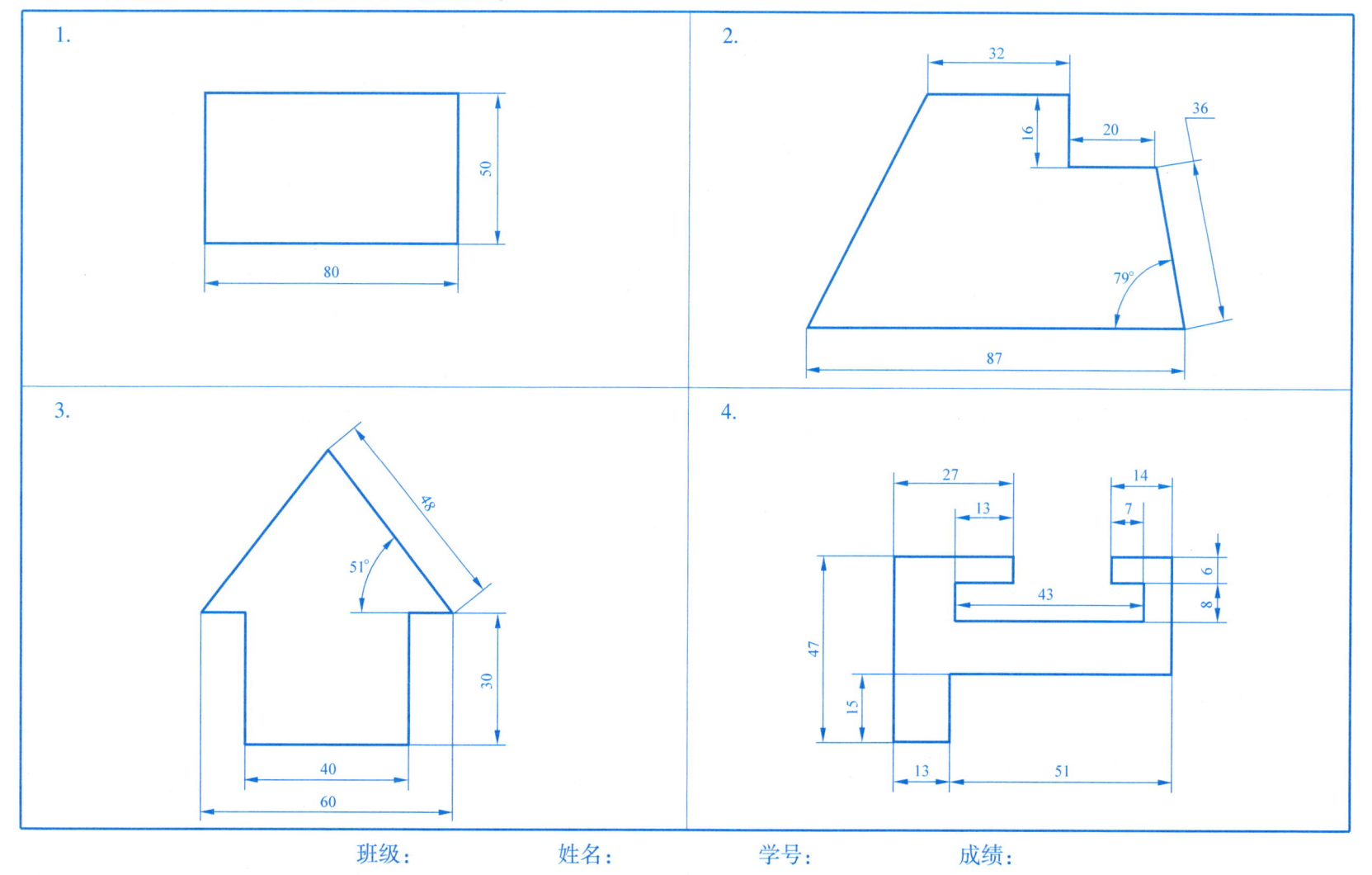

1.

2.

3.

4.

按照给定的尺寸 1∶1 绘制下列平面图形。

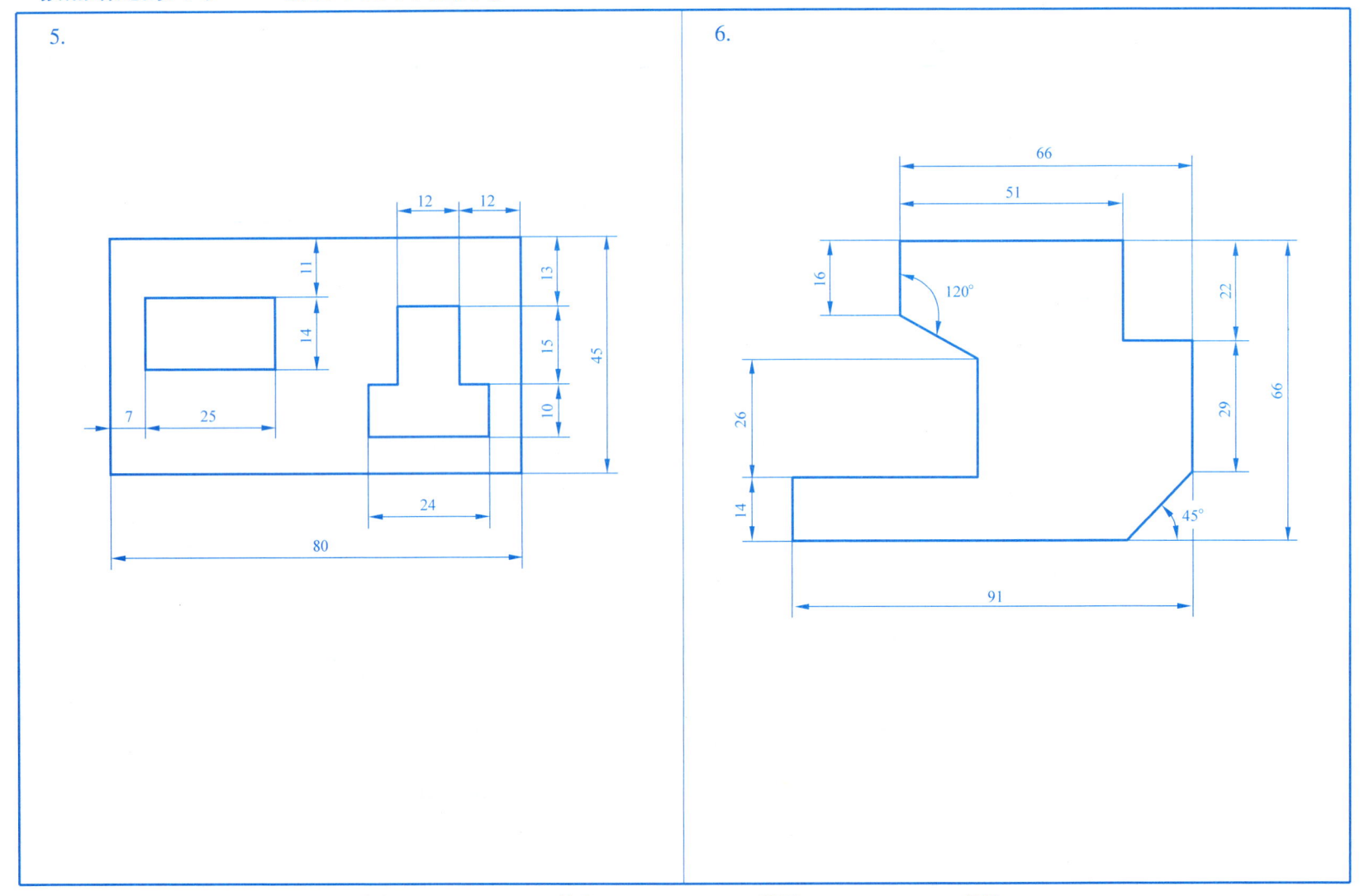

5.

6.

班级：　　　　姓名：　　　　学号：　　　　成绩：

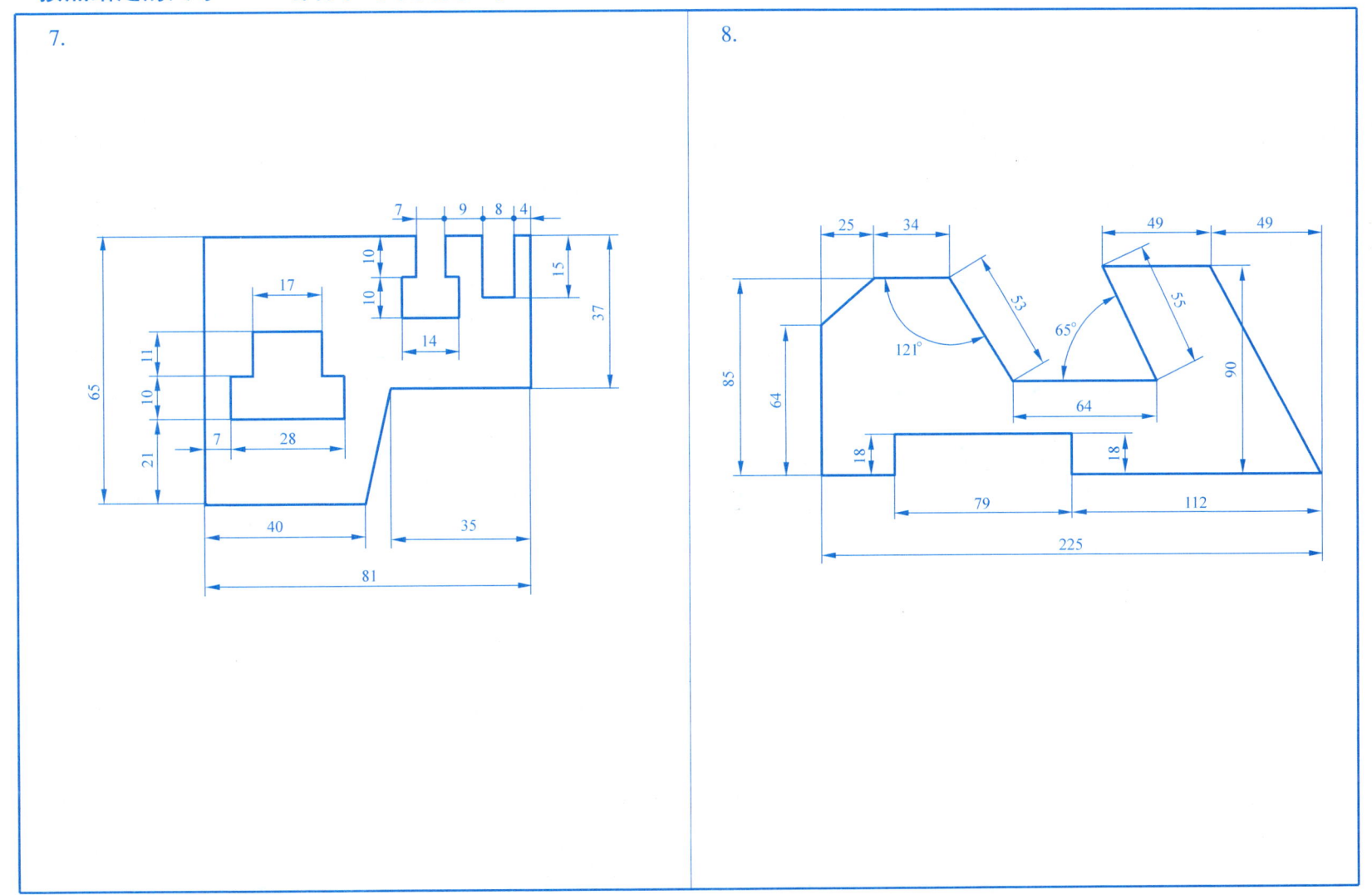

按照给定的尺寸 1：1 绘制下列平面图形。

7.

8.

班级：　　　　姓名：　　　　学号：　　　　成绩：

— 3 —

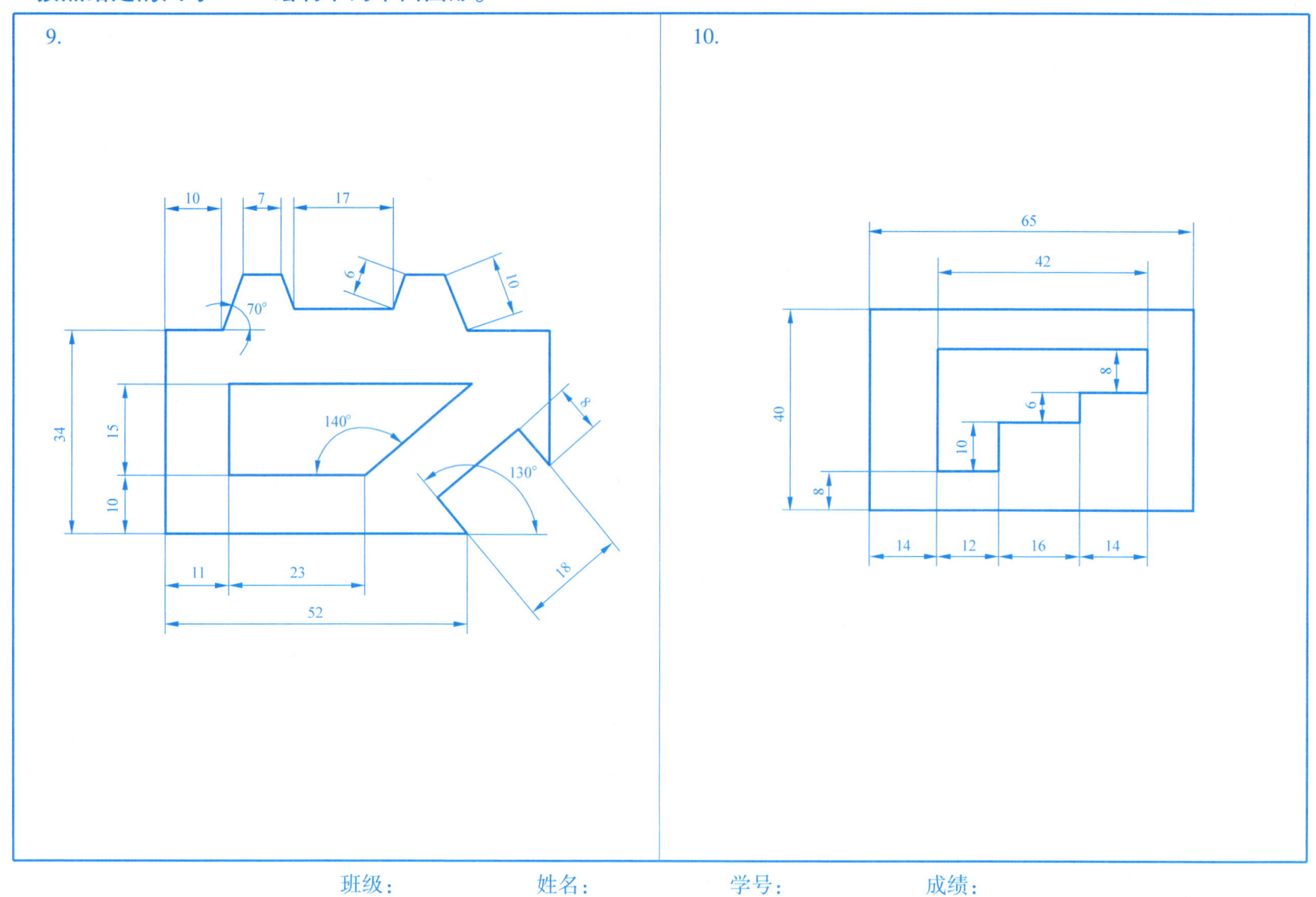

按照给定的尺寸 1∶1 绘制下列平面图形。

9.

10.

班级：　　　　　姓名：　　　　　学号：　　　　　成绩：

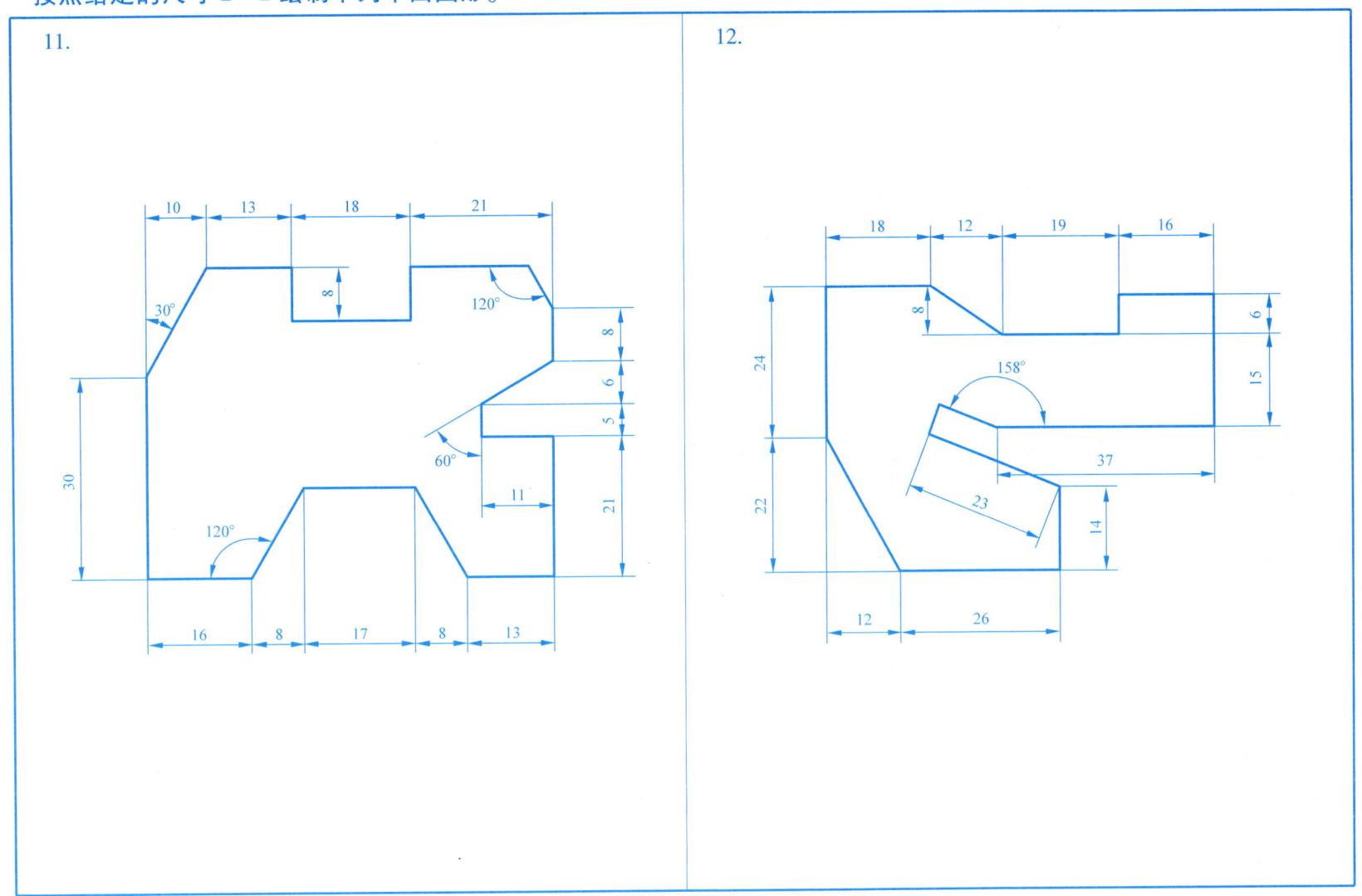

按照给定的尺寸 1∶1 绘制下列平面图形。

11.

12.

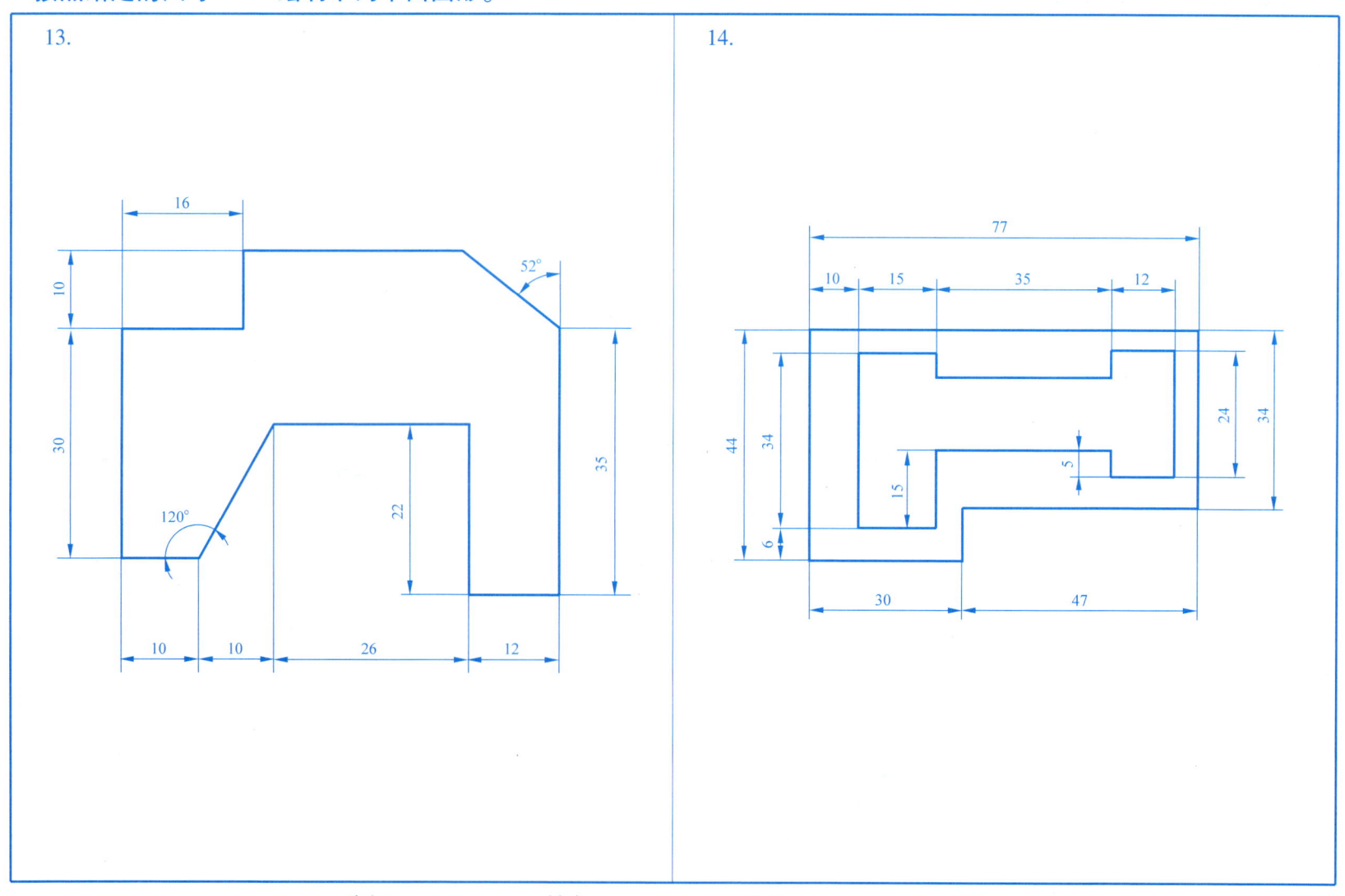

按照给定的尺寸 1∶1 绘制下列平面图形。

13.

14.

班级：　　　　姓名：　　　　学号：　　　　成绩：

项目二　平面图形绘制与编辑（一）

按照给定的尺寸 **1：1** 绘制下列平面图形。

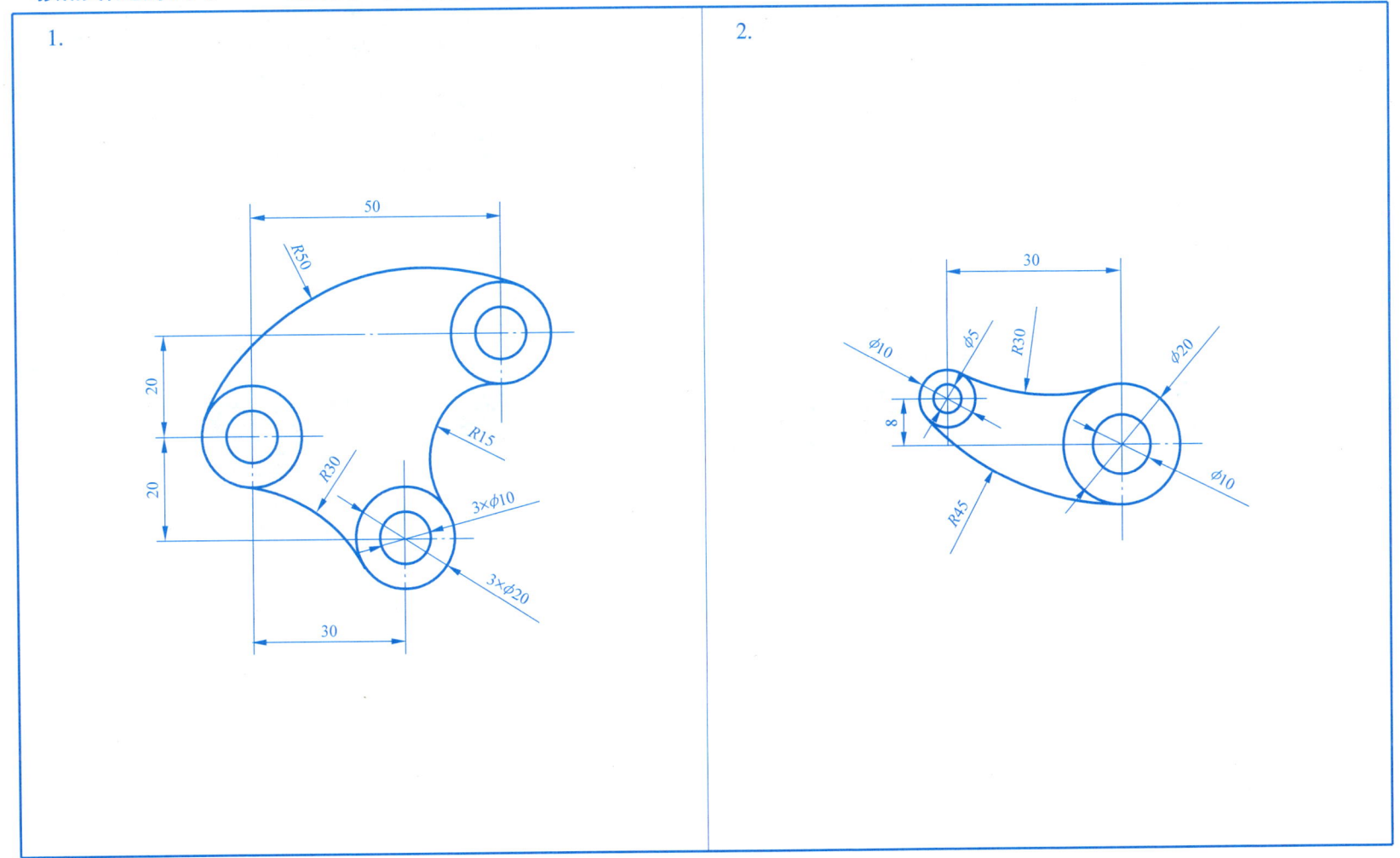

1.

2.

班级：　　　姓名：　　　学号：　　　成绩：

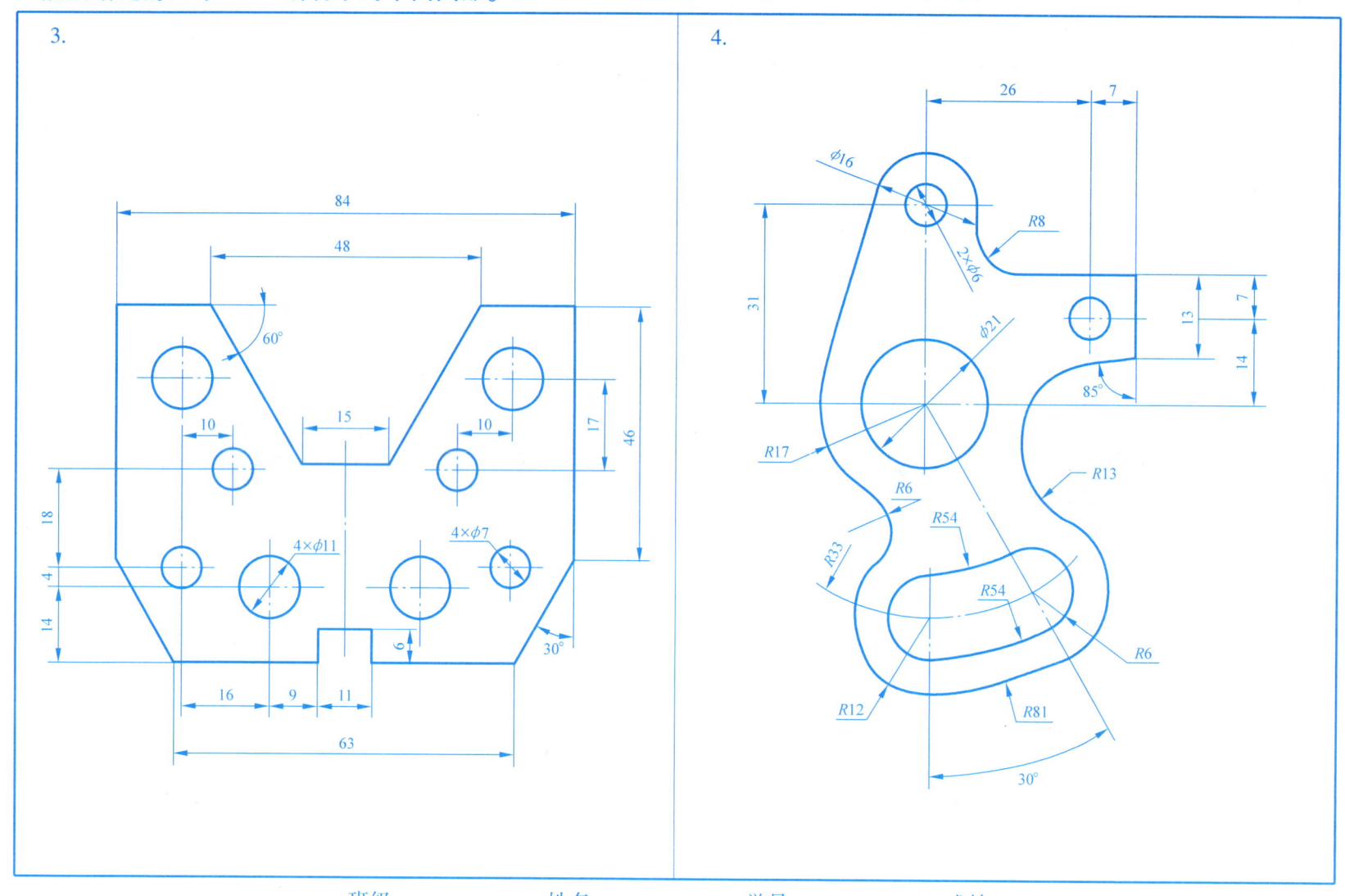

按照给定的尺寸 1：1 绘制下列平面图形。

3.

4.

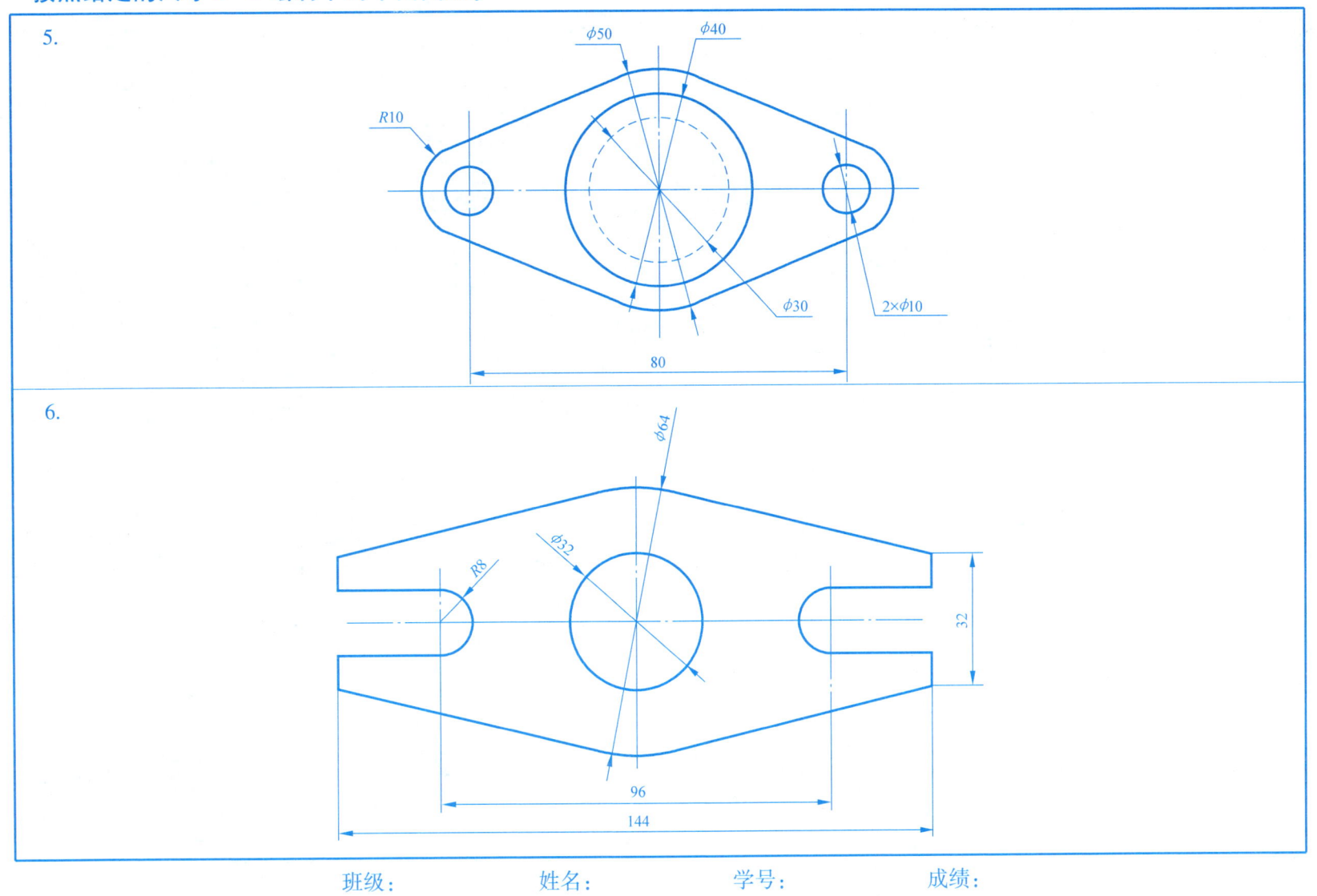

按照给定的尺寸 1∶1 绘制下列平面图形。

5.

6.

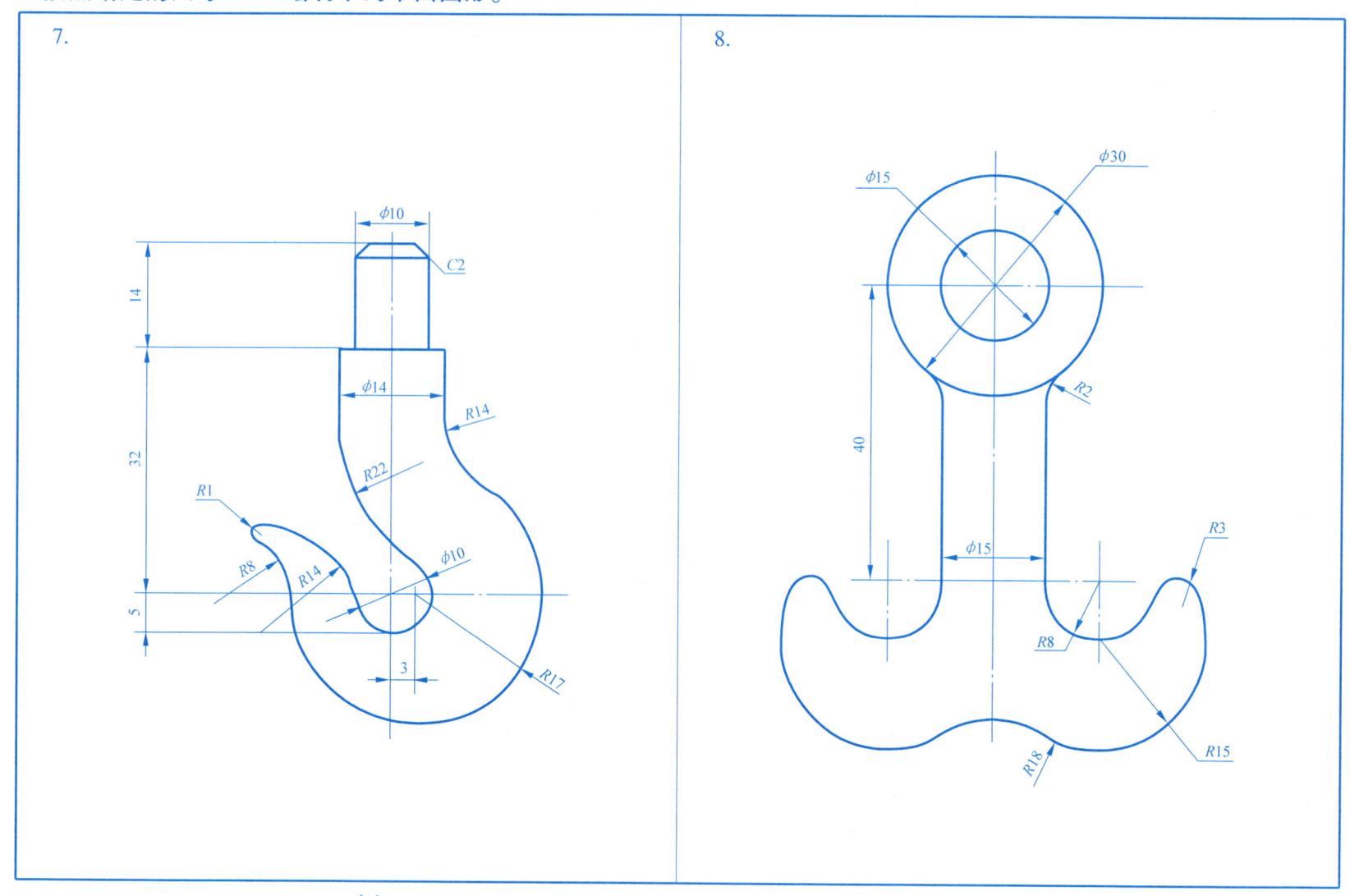

按照给定的尺寸 1:1 绘制下列平面图形。

7.

8.

班级：　　　　姓名：　　　　学号：　　　　成绩：

— 10 —

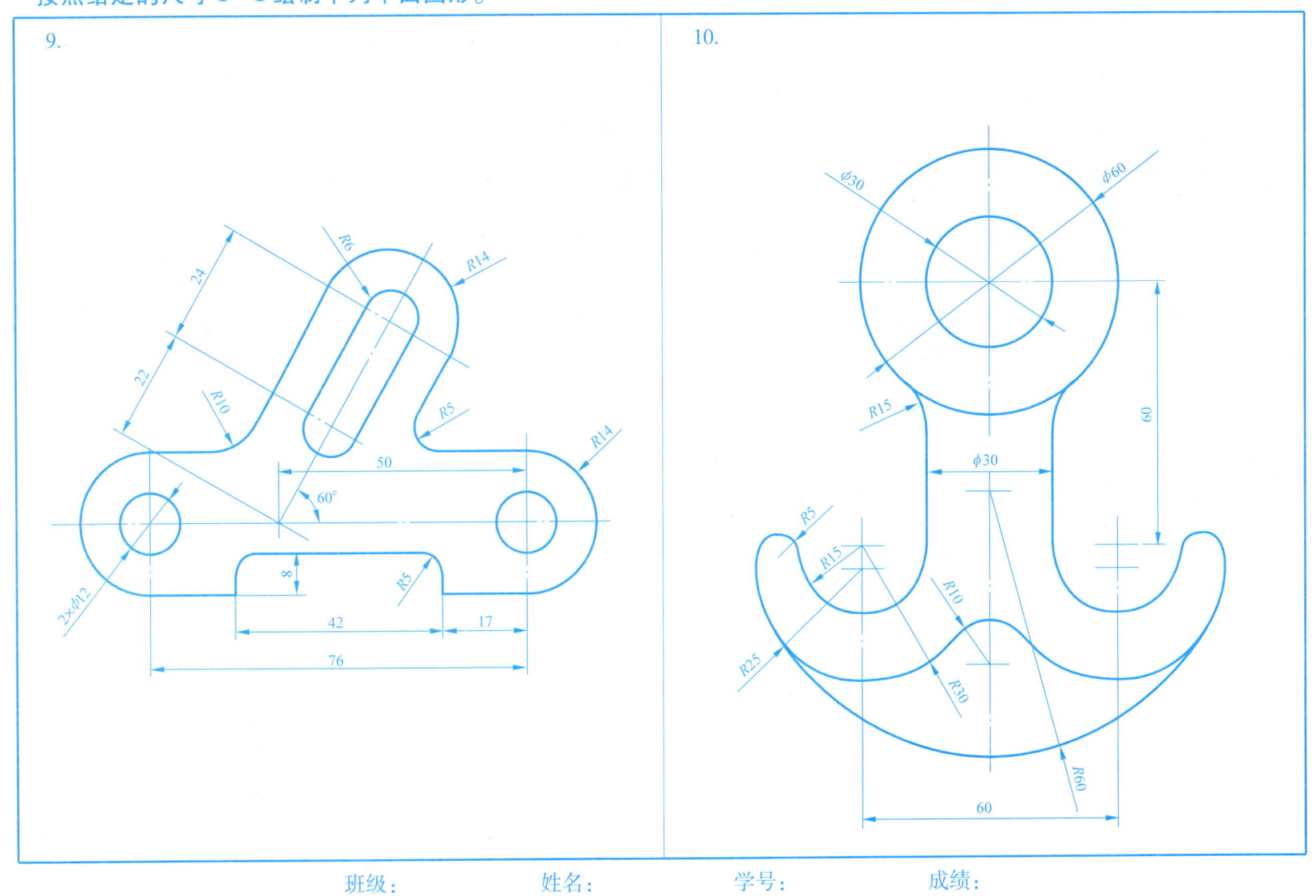

按照给定的尺寸 1∶1 绘制下列平面图形。

9.

10.

班级： 姓名： 学号： 成绩：

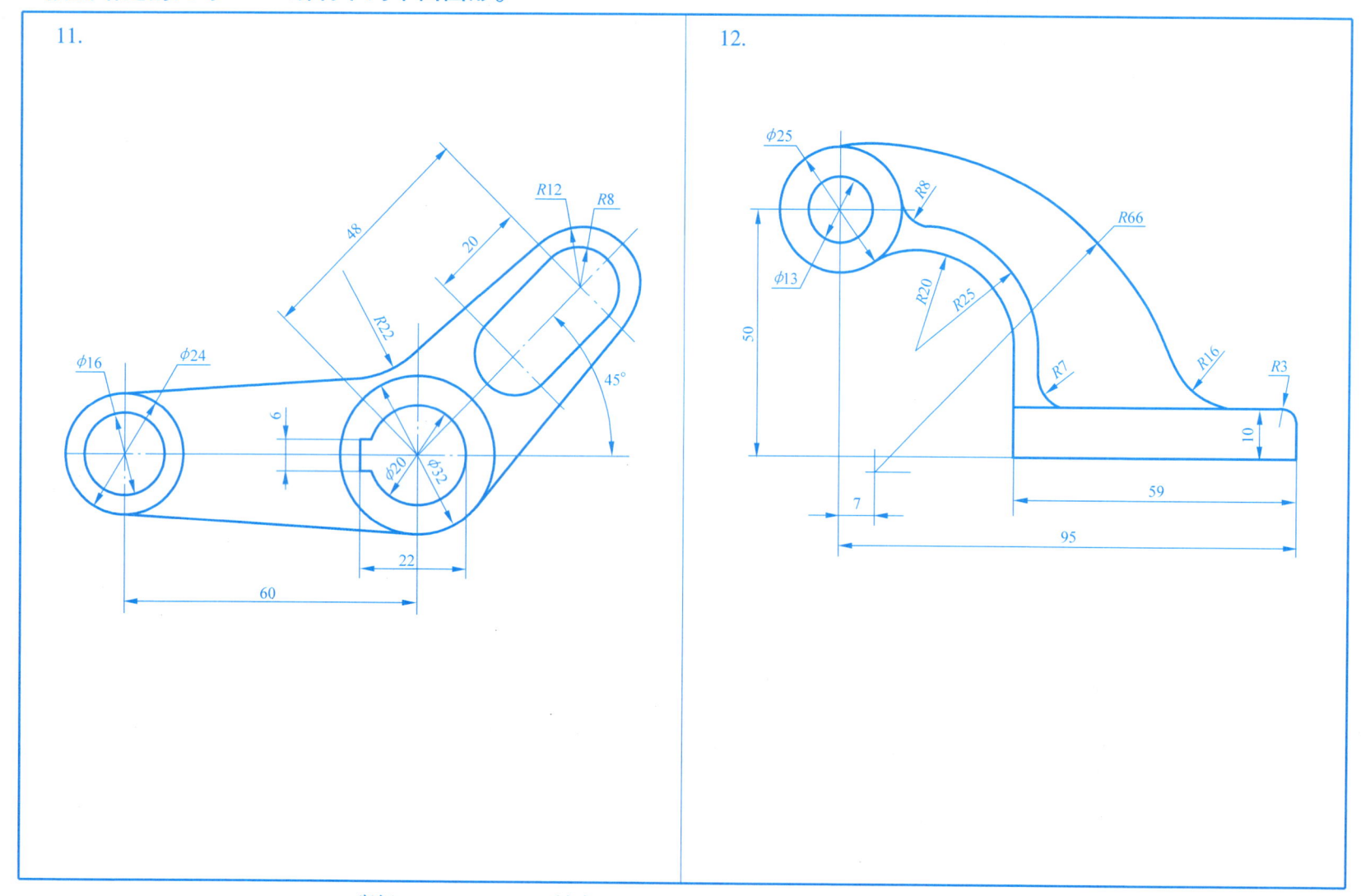

按照给定的尺寸 1∶1 绘制下列平面图形。

11.

12.

班级：　　　　姓名：　　　　学号：　　　　成绩：

项目三　平面图形绘制与编辑（二）

按照给定的尺寸 1∶1 绘制下列平面图形。

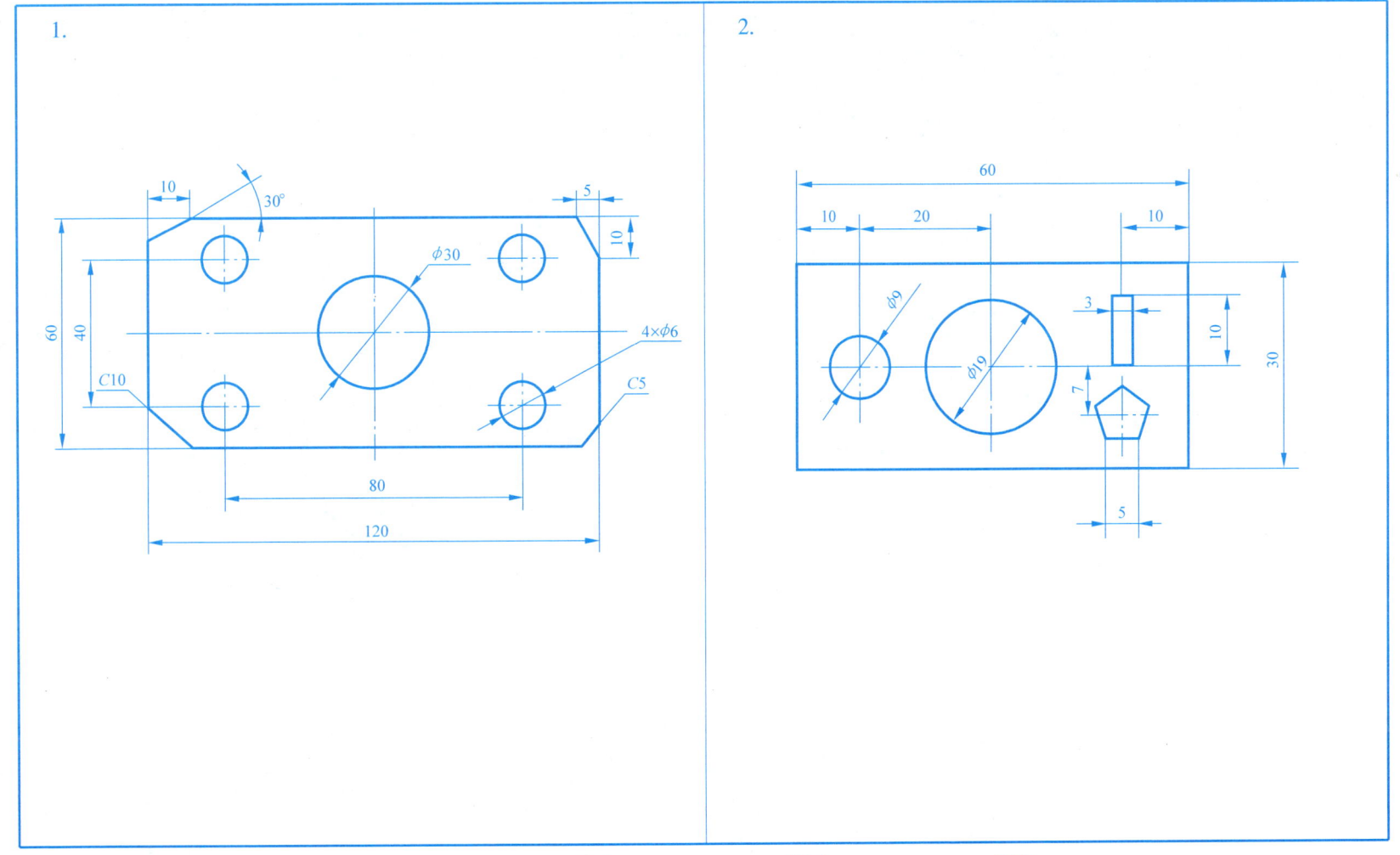

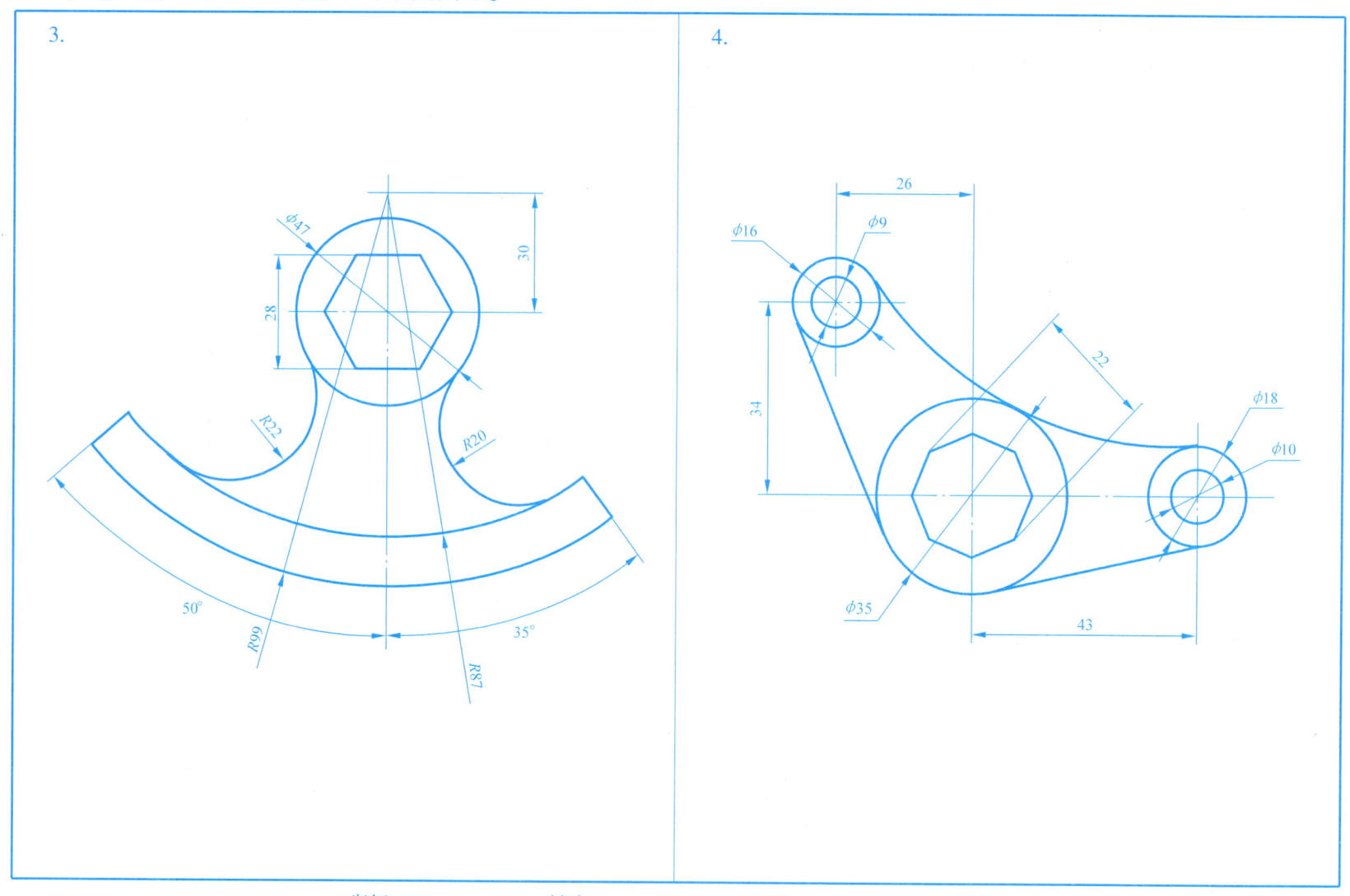

按照给定的尺寸 1：1 绘制下列平面图形。

3.

4.

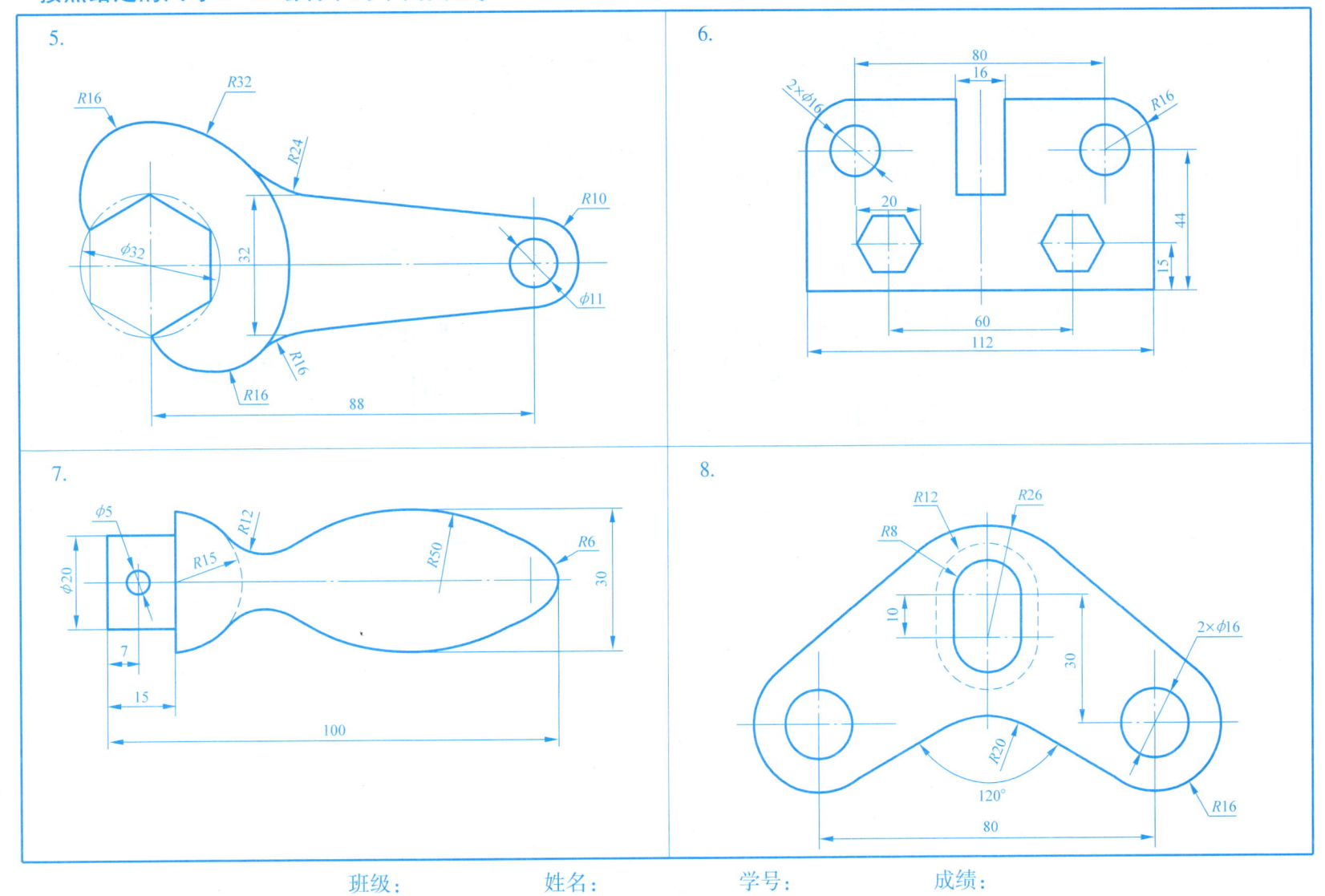

按照给定的尺寸 1:1 绘制下列平面图形。

5.

6.

7.

8.

班级：　　　姓名：　　　学号：　　　成绩：

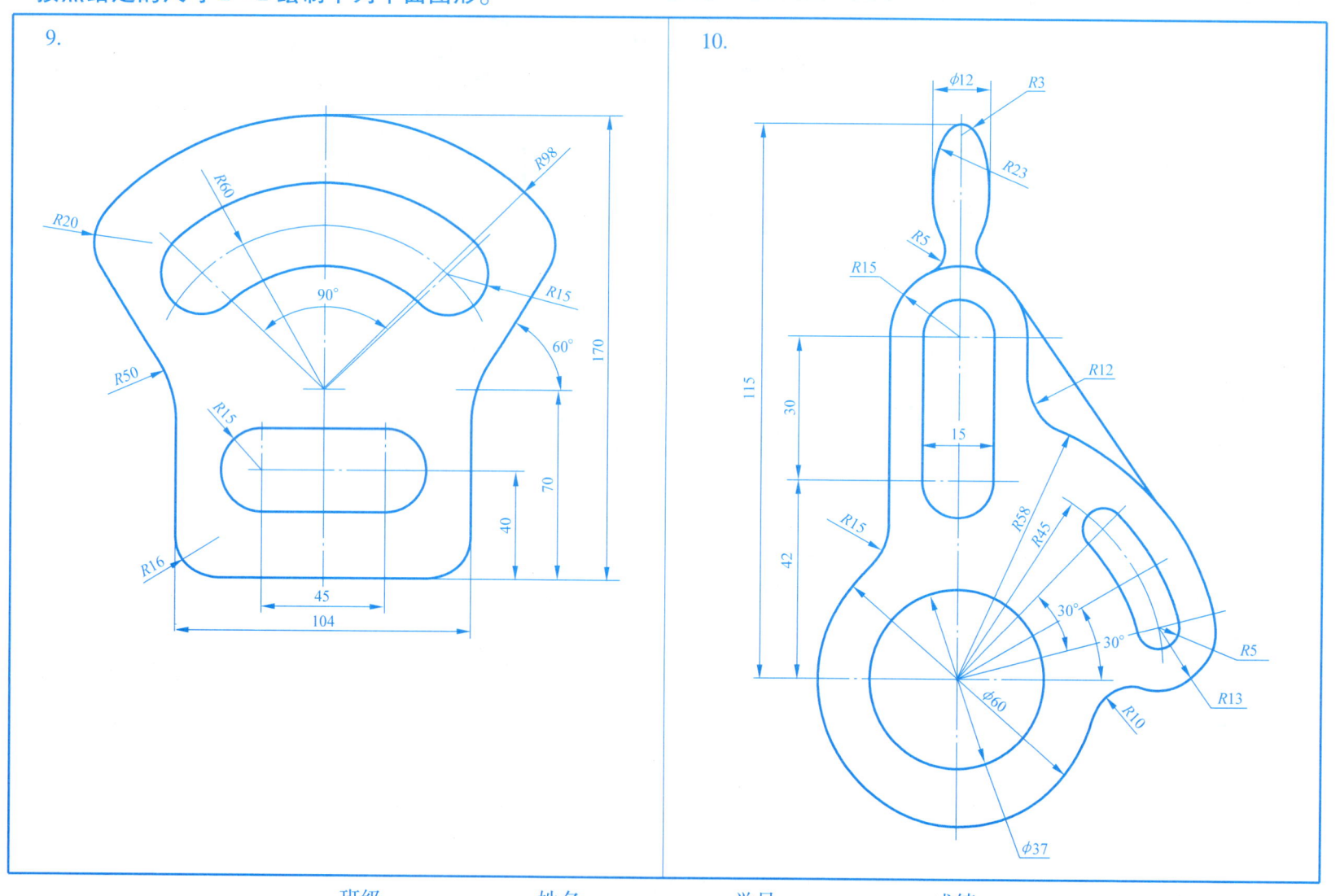

按照给定的尺寸 1 : 1 绘制下列平面图形。

9.

10.

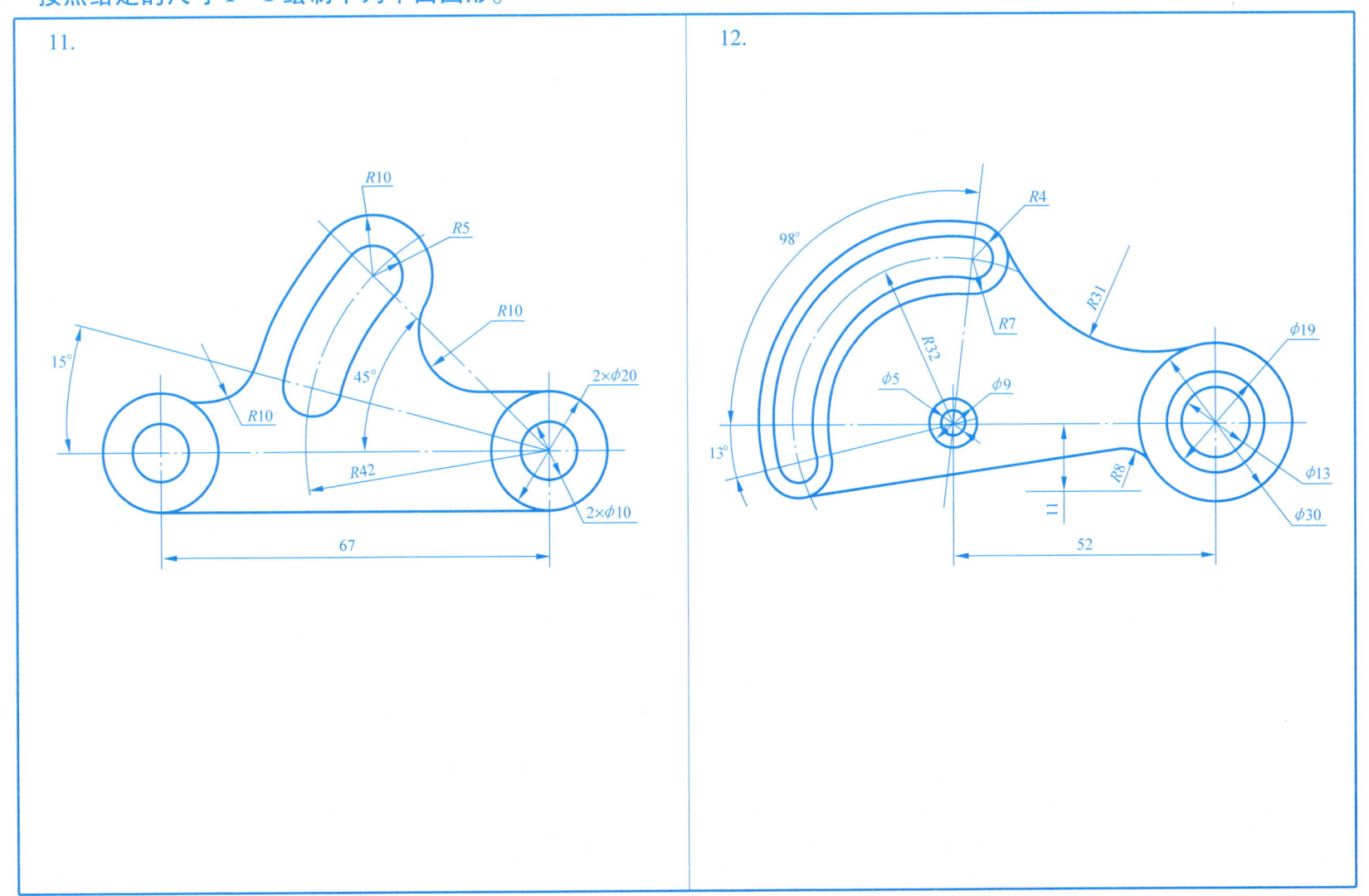

按照给定的尺寸 1：1 绘制下列平面图形。

11.

12.

班级：　　　姓名：　　　学号：　　　成绩：

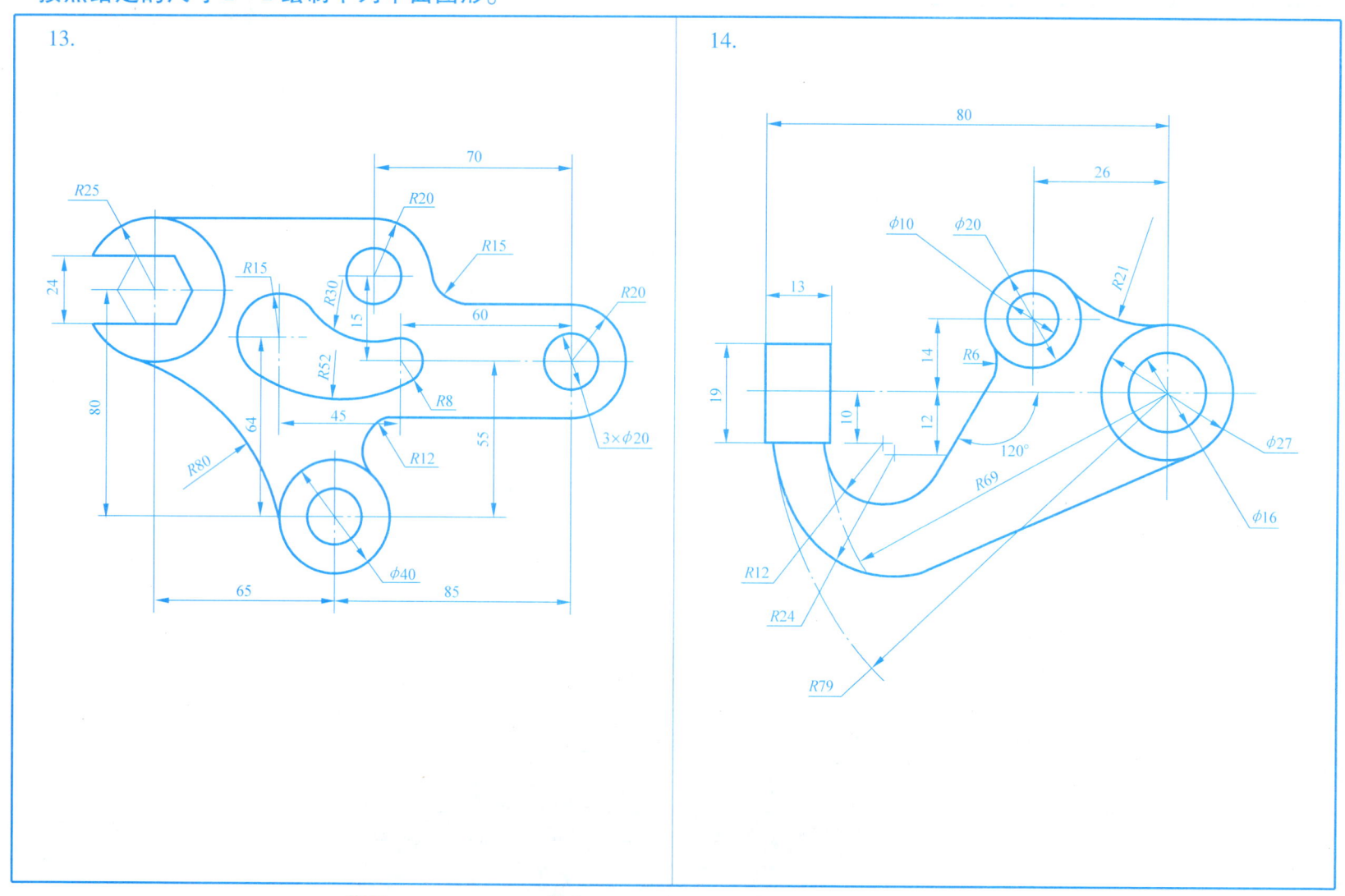

按照给定的尺寸 1∶1 绘制下列平面图形。

13.

14.

班级：　　　　　姓名：　　　　　学号：　　　　　成绩：

按照给定的尺寸 1∶1 绘制下列平面图形。

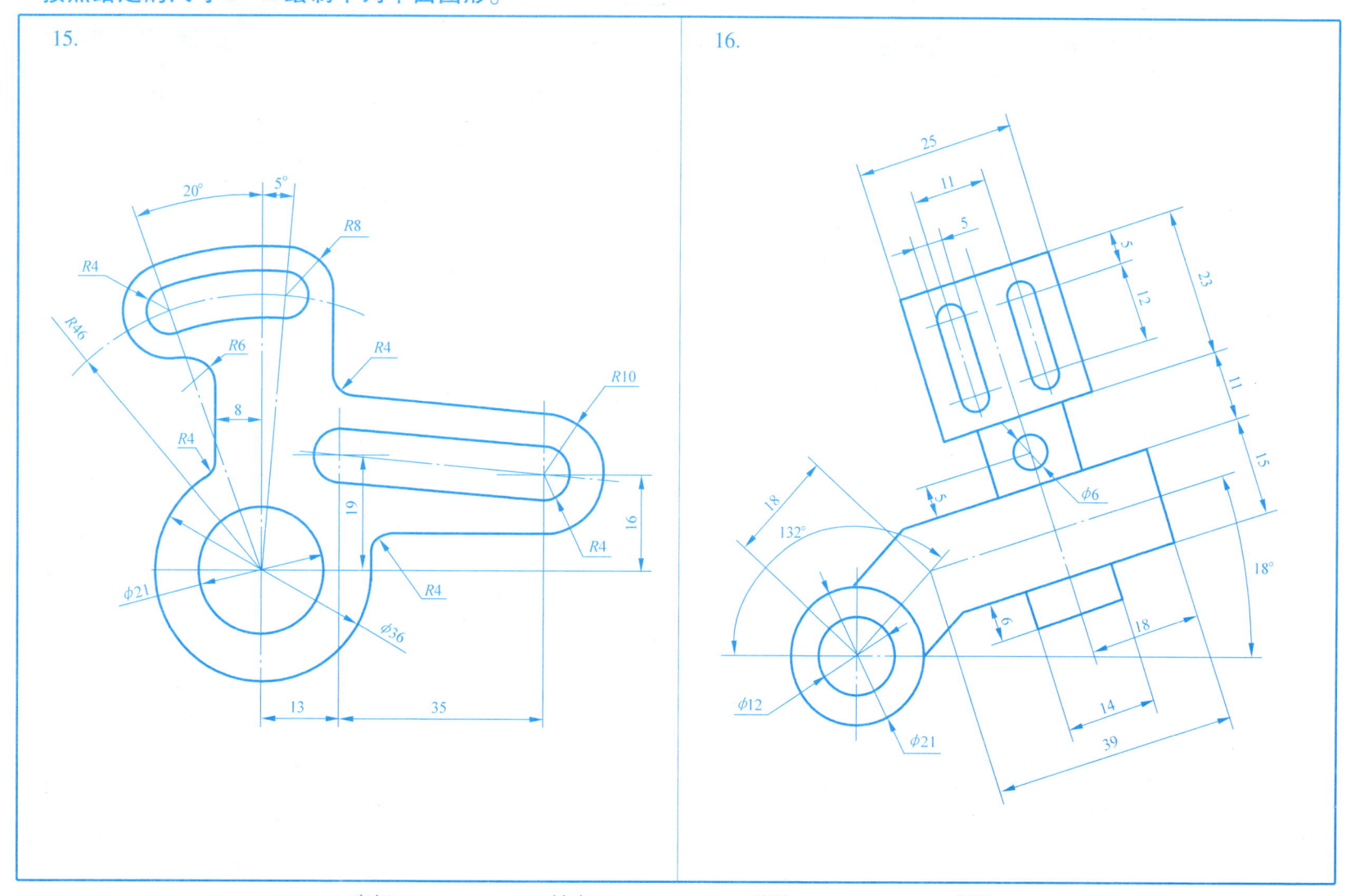

15.

16.

项目四　平面图形绘制与编辑（三）

按照给定的尺寸 1∶1 绘制下列平面图形。

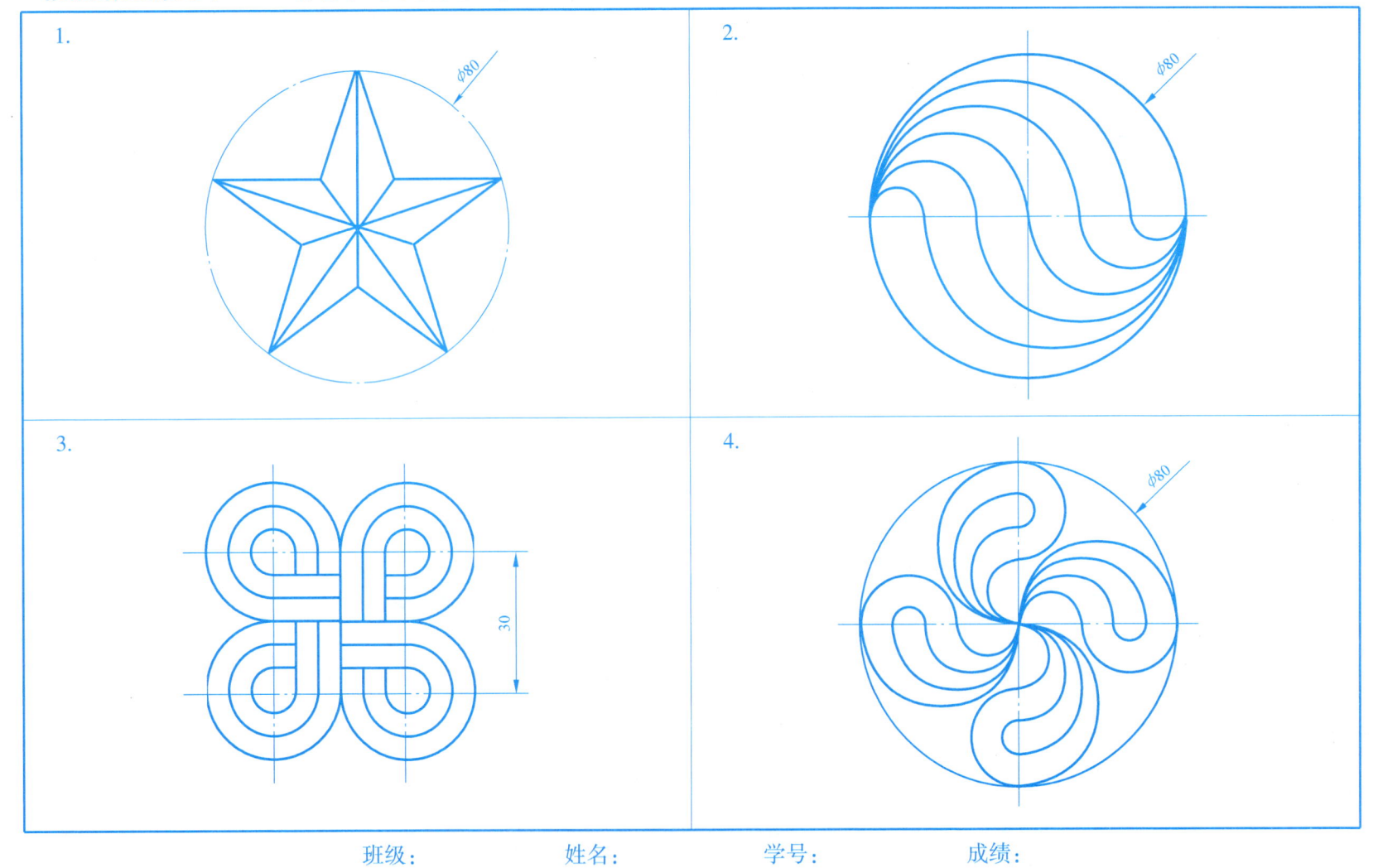

1. φ80

2. φ80

3. 30

4. φ80

班级：　　　姓名：　　　学号：　　　成绩：

按照给定的尺寸 1：1 绘制下列平面图形。

5.

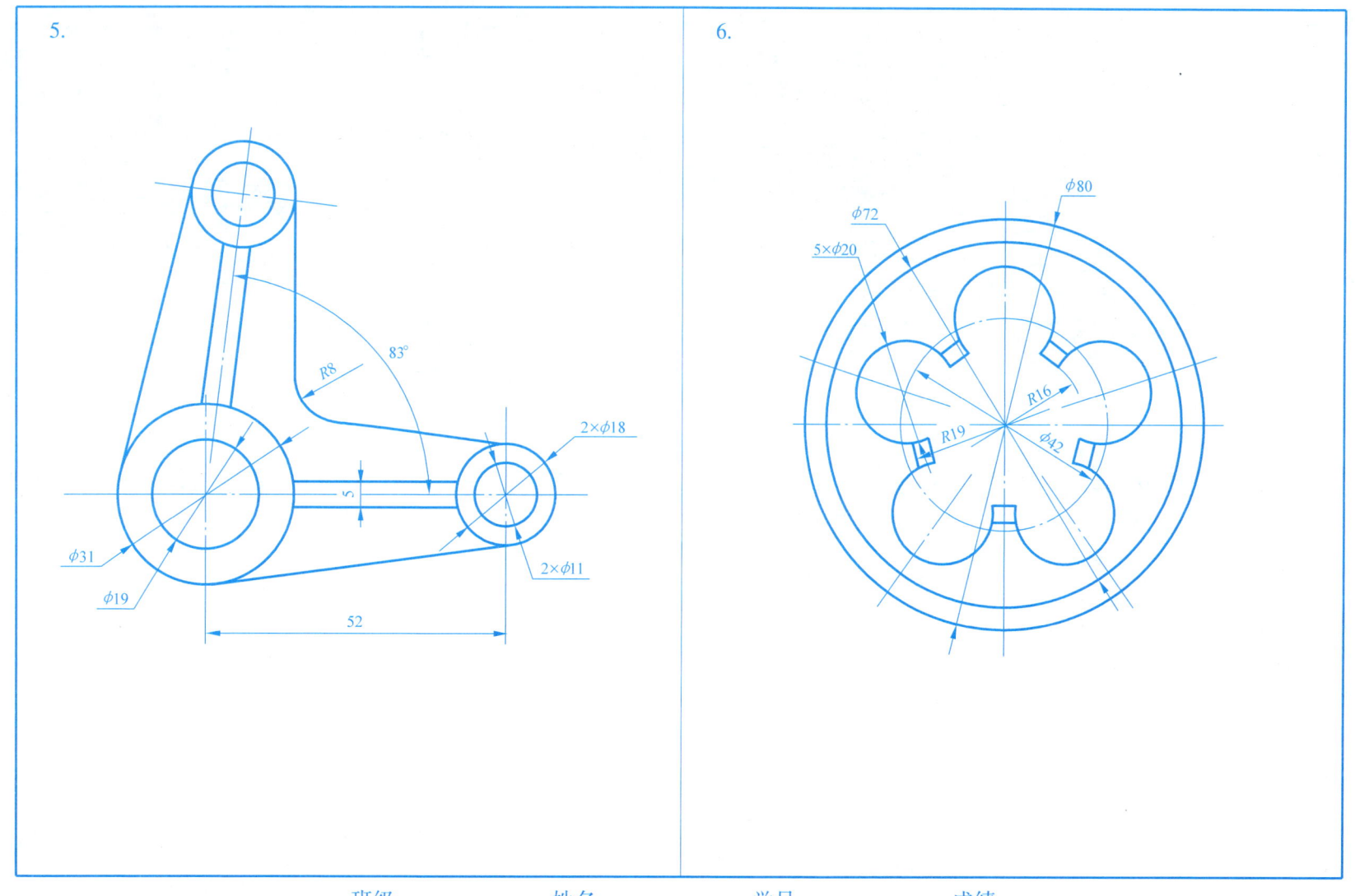

6.

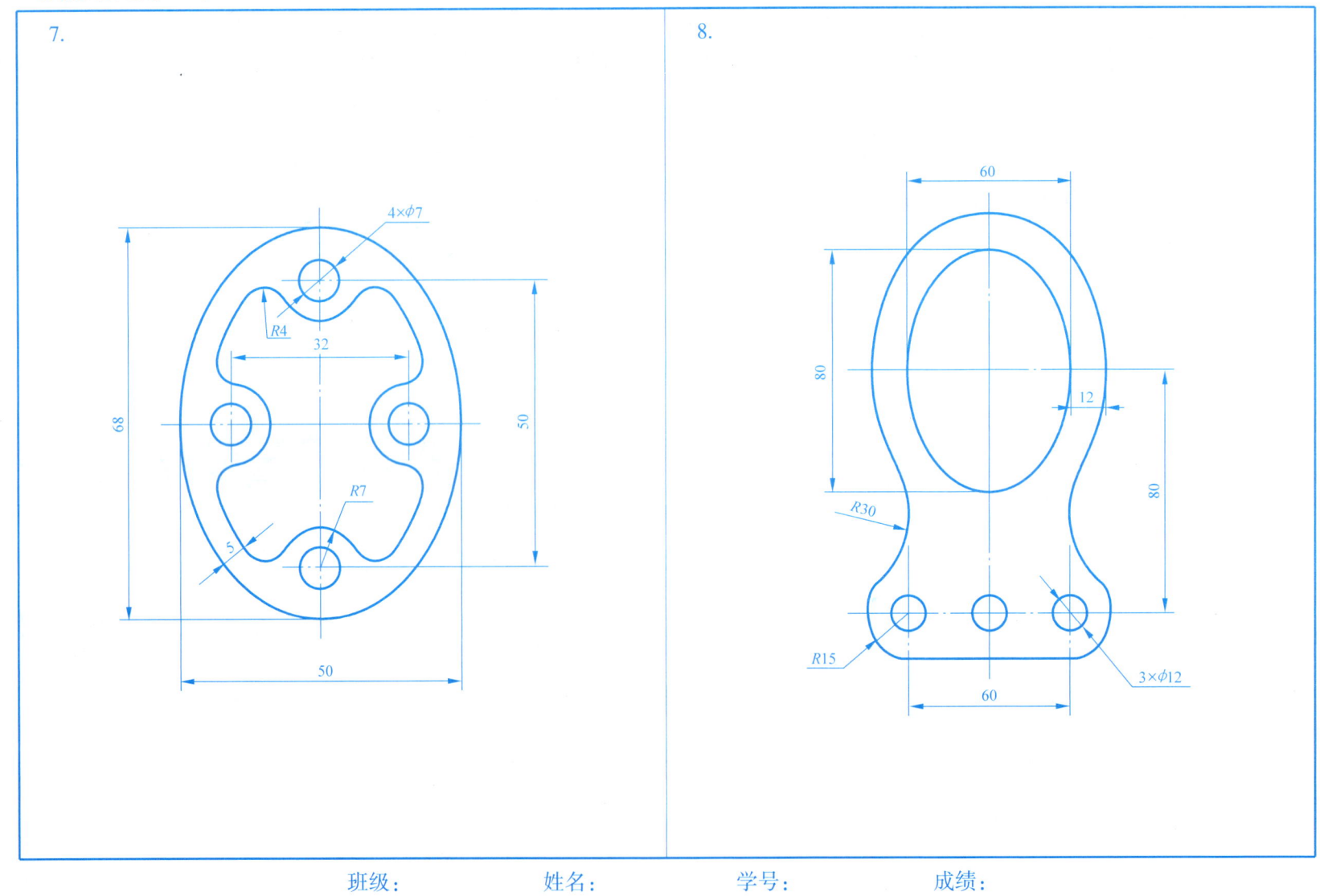

按照给定的尺寸 1:1 绘制下列平面图形。

7.

8.

— 22 —

按照给定的尺寸 1∶1 绘制下列平面图形。

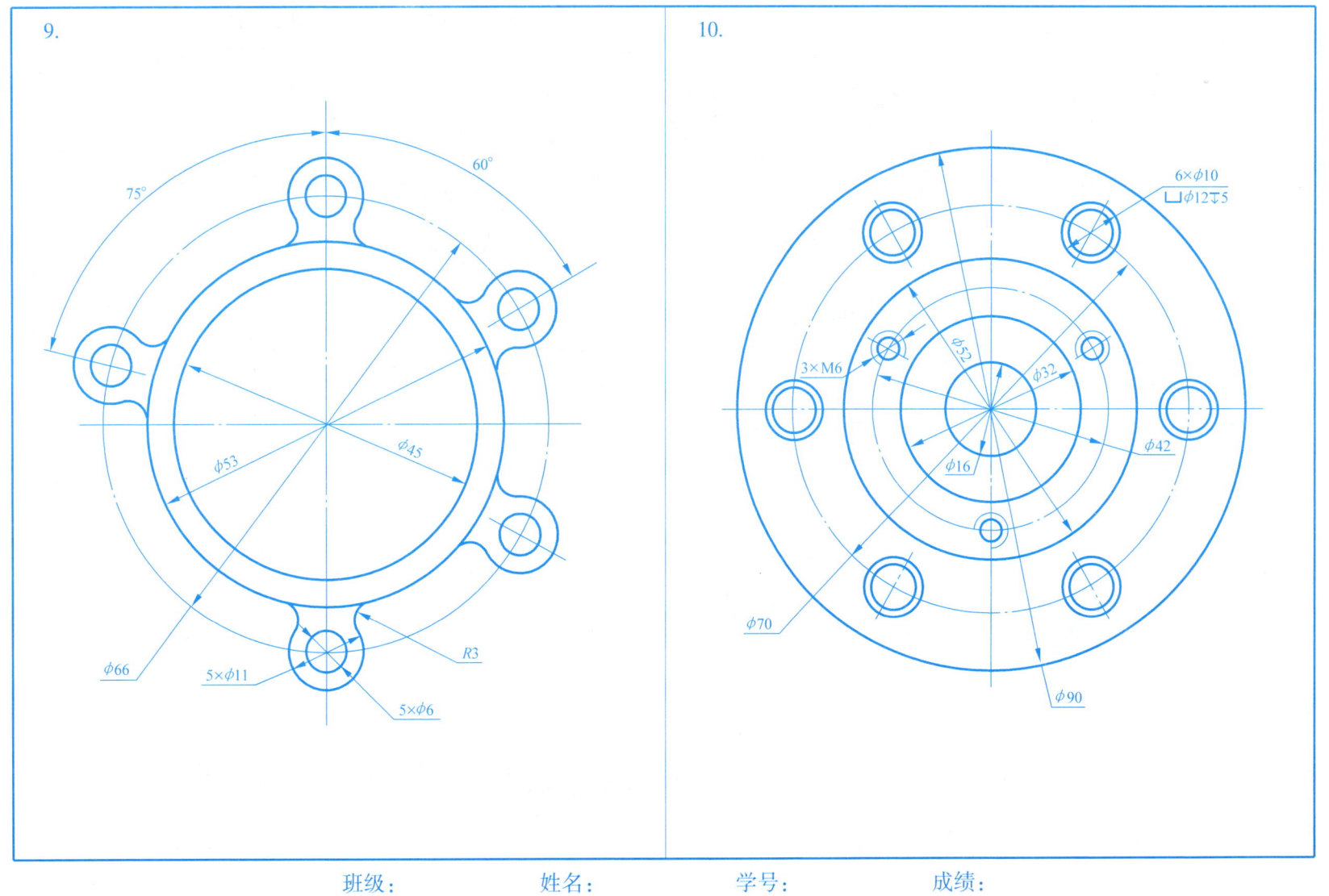

9.

10.

班级：　　　　姓名：　　　　学号：　　　　成绩：

按照给定的尺寸 1：1 绘制下列平面图形。

11.

12.

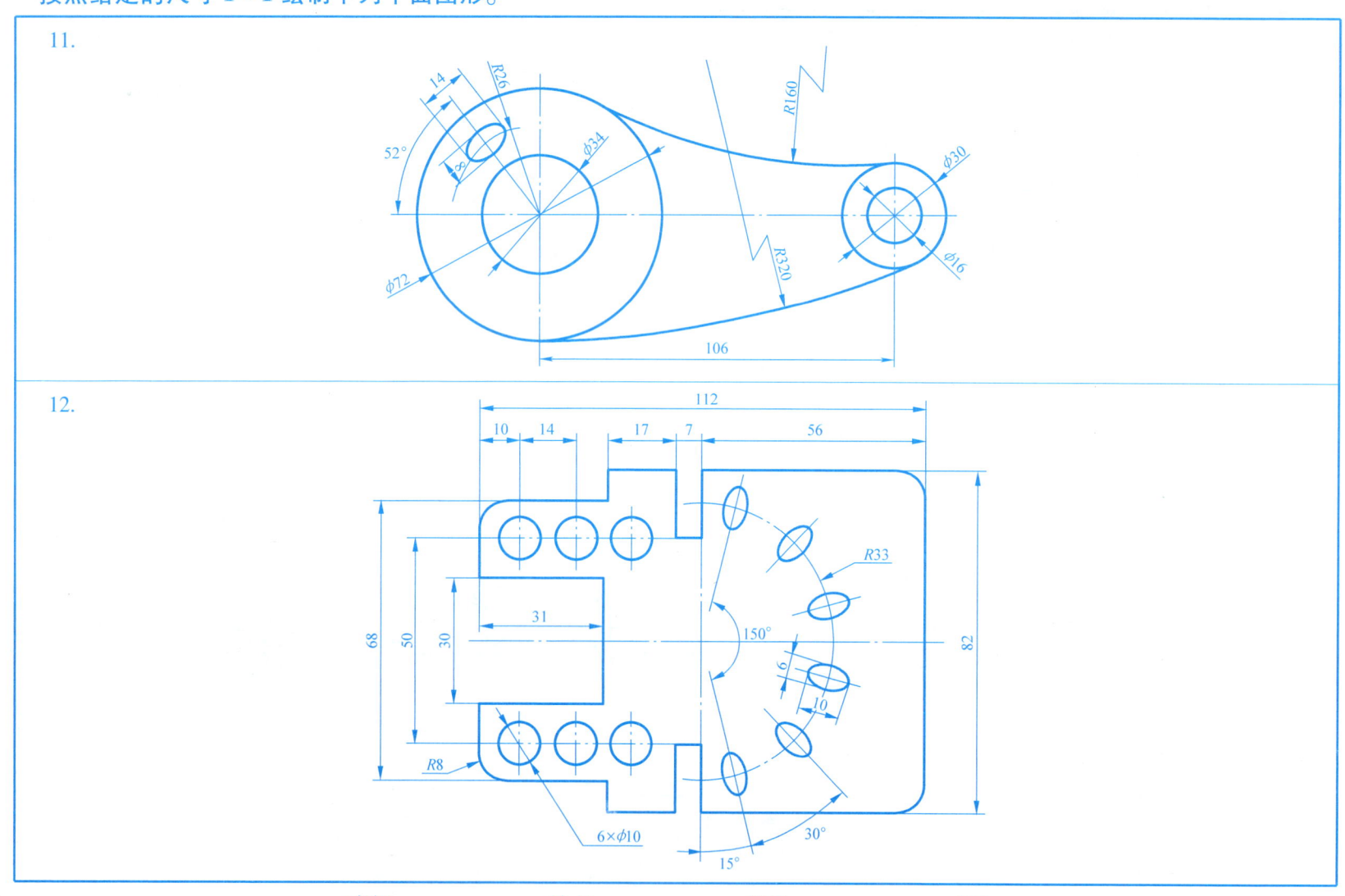

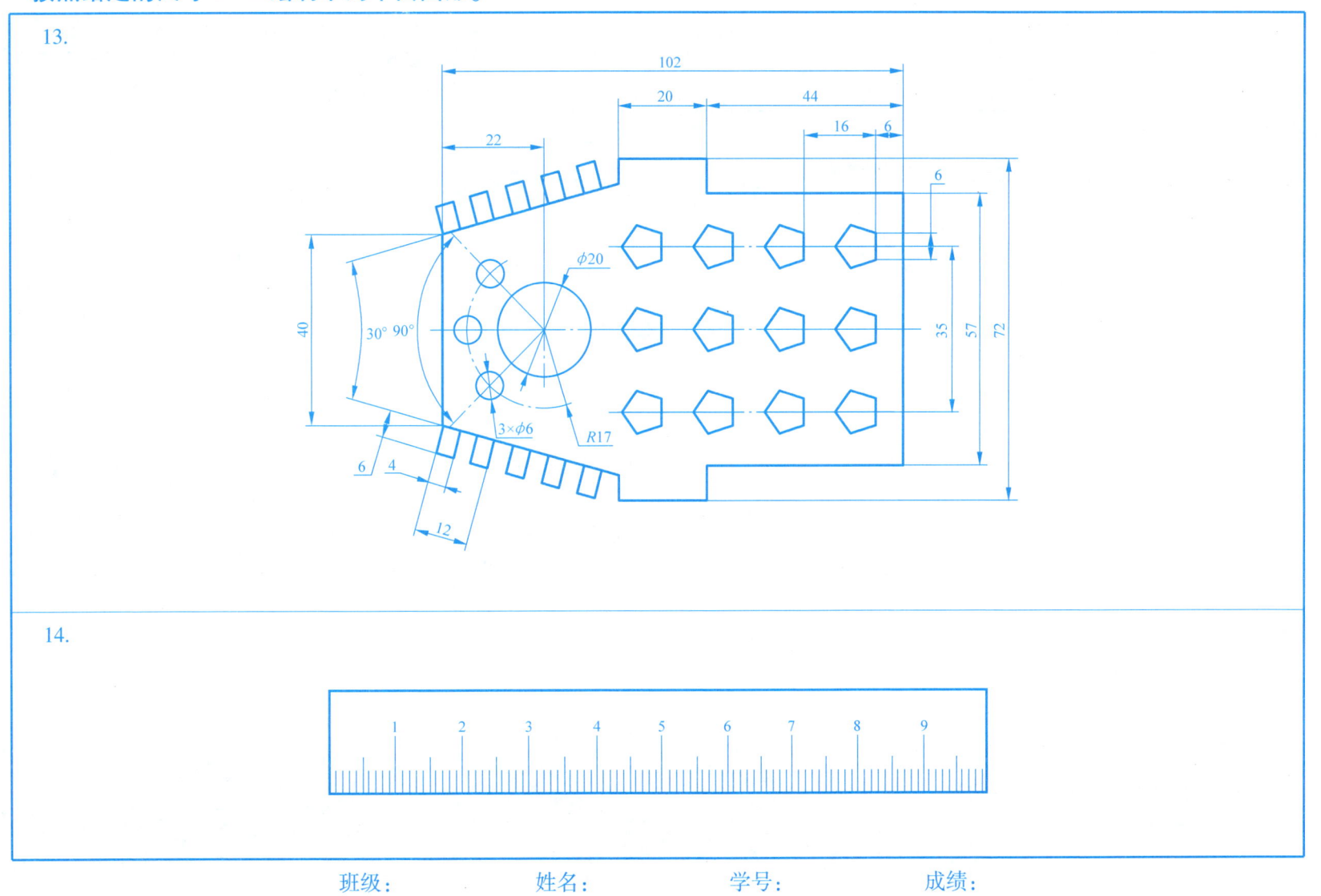

按照给定的尺寸 1：1 绘制下列平面图形。

13.

14.

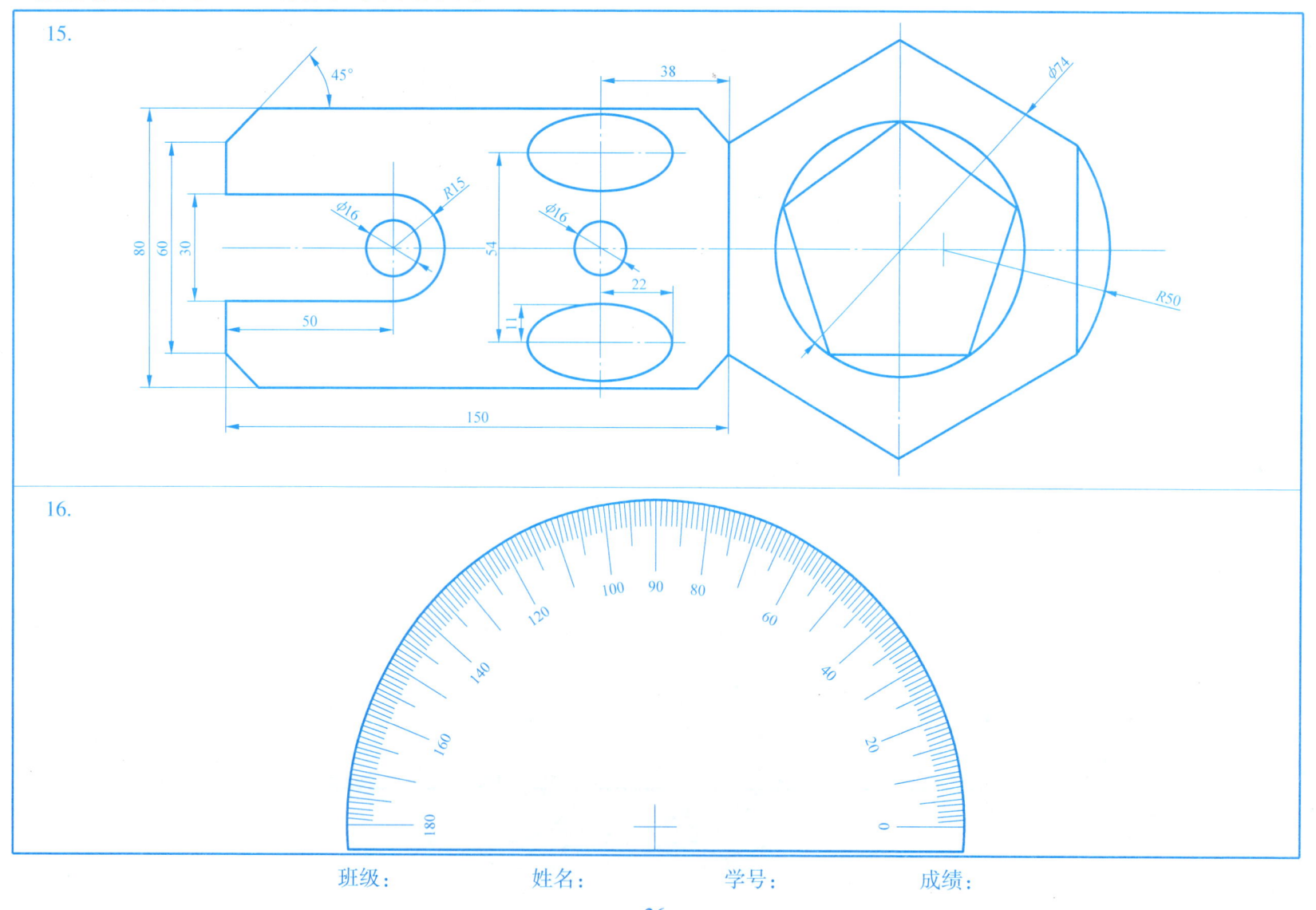

按照给定的尺寸 1∶1 绘制下列平面图形。

15.

16.

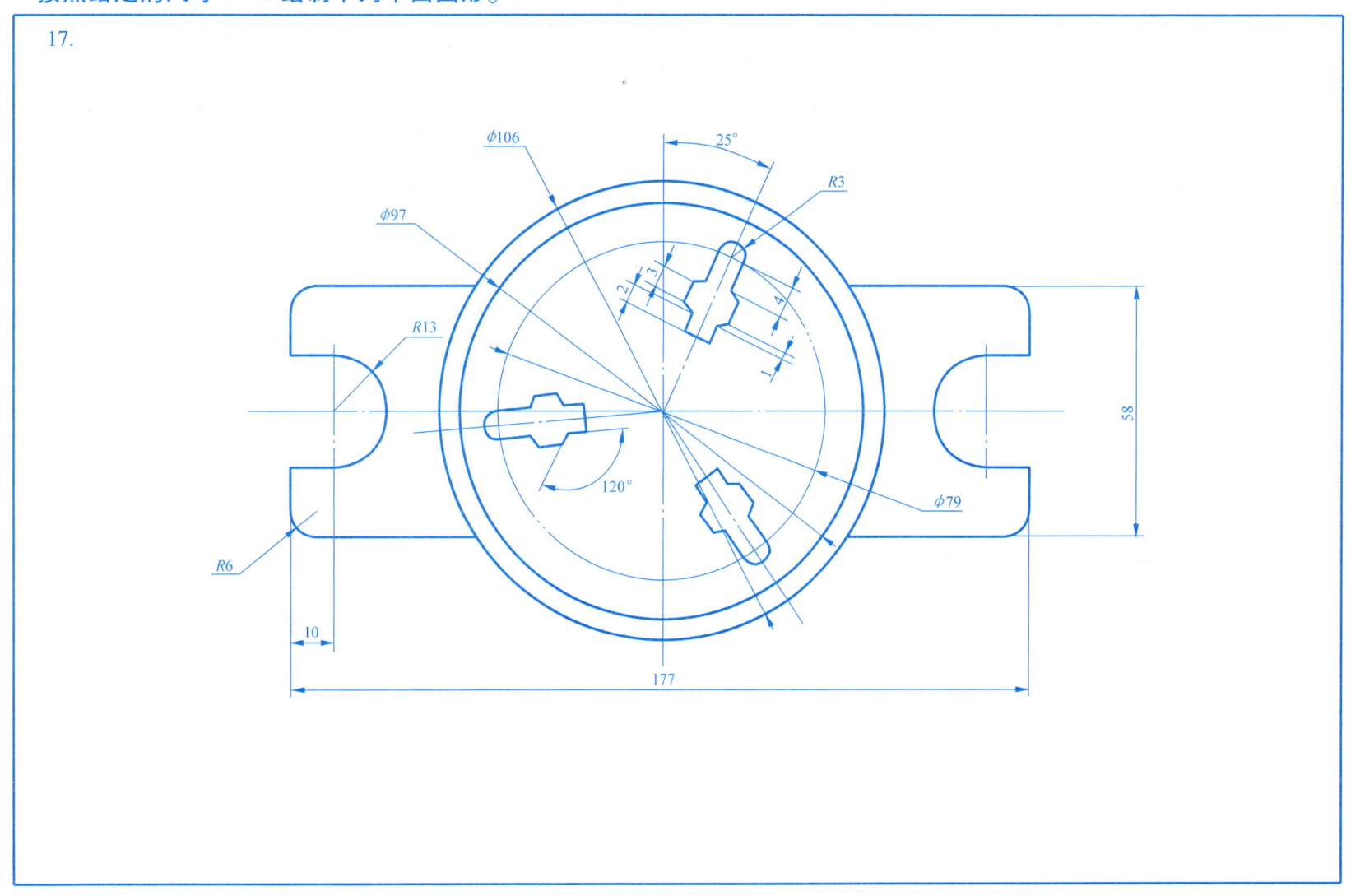

按照给定的尺寸 1：1 绘制下列平面图形。

17.

项目五 三视图的绘制与编辑

按照给定的尺寸 1∶1 绘制下列三视图。

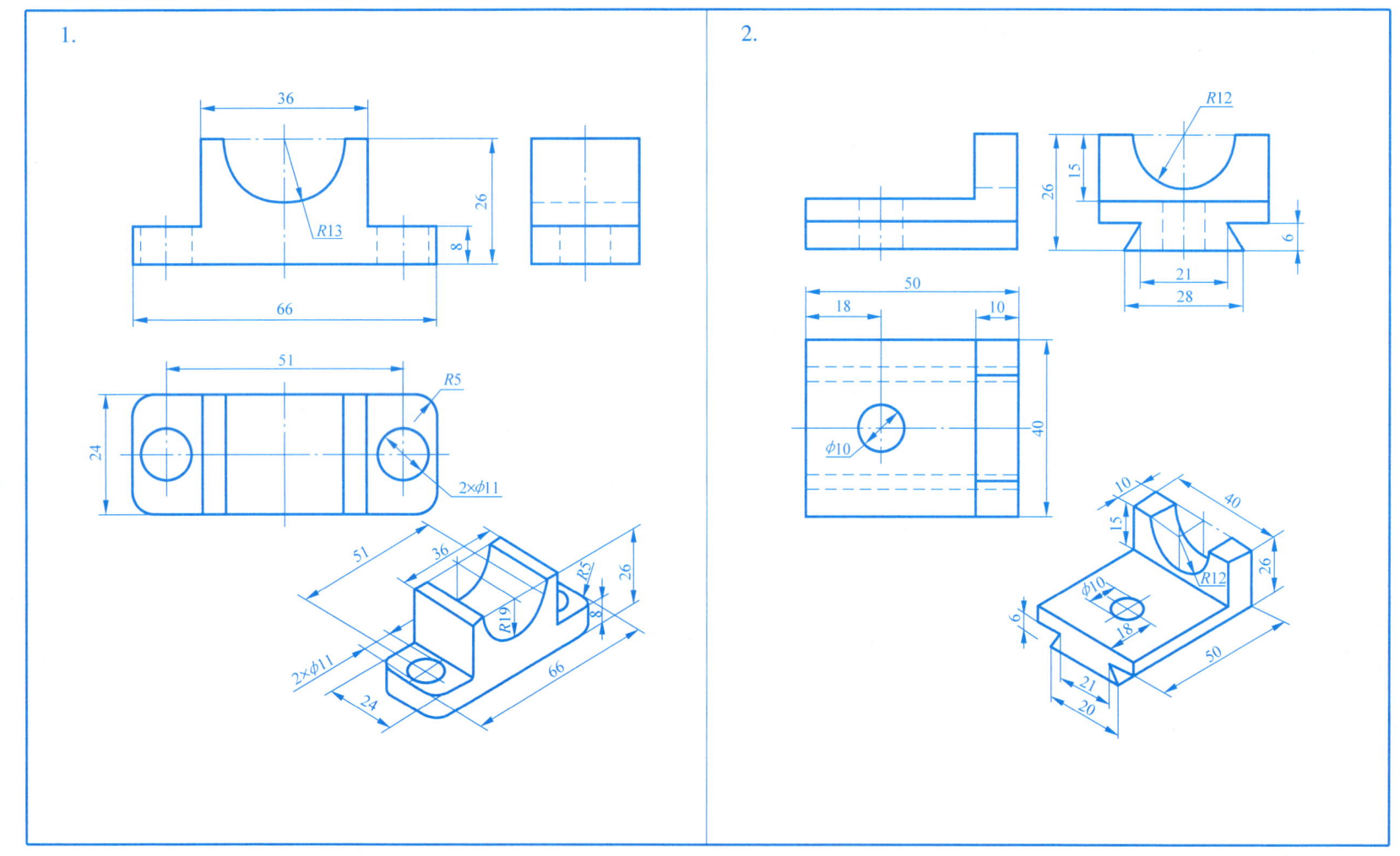

1.

2.

按照给定的尺寸 1∶1 绘制下列三视图。

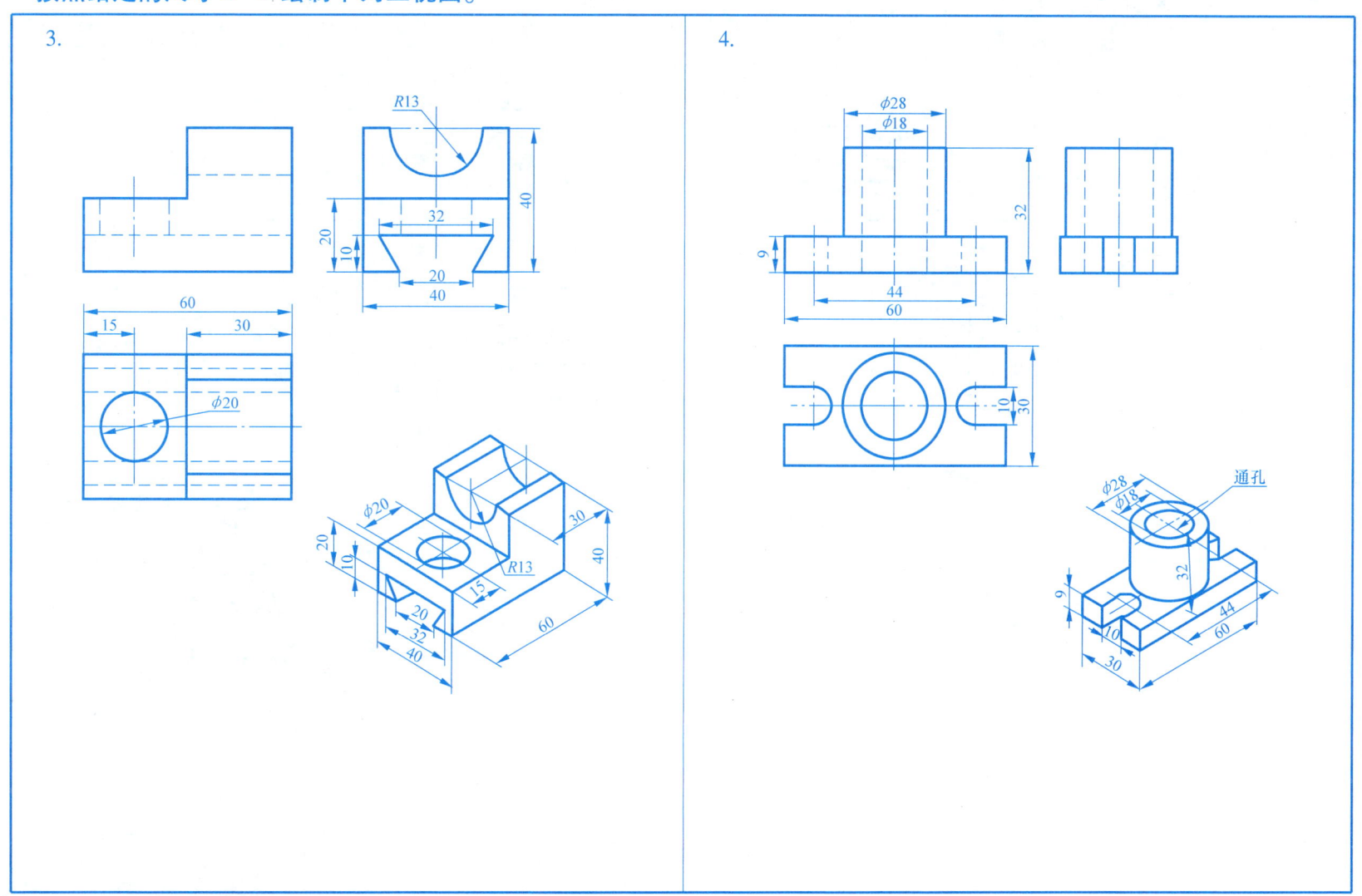

3.

4.

按照给定的尺寸 1 : 1 绘制下列三视图。

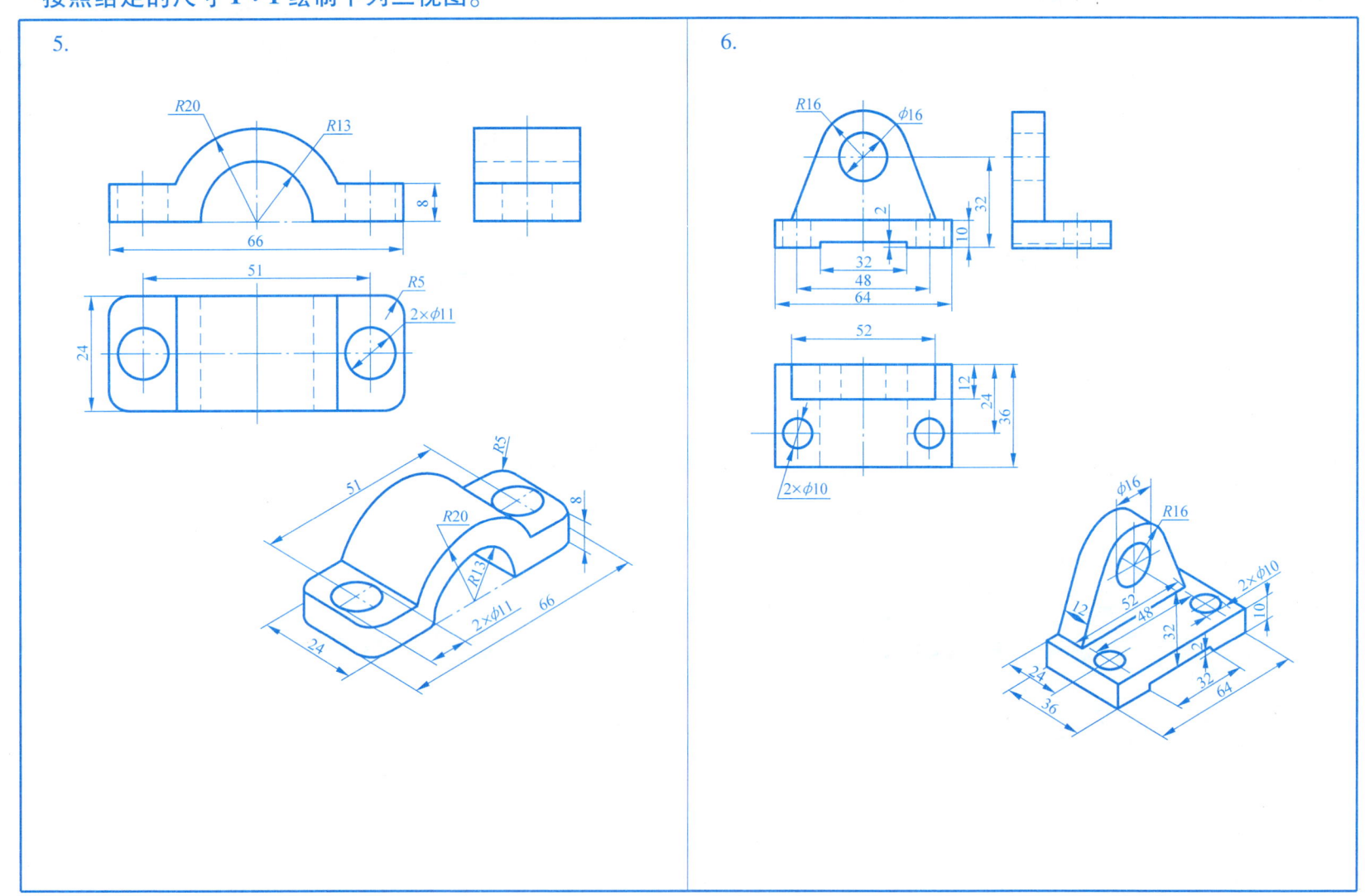

5.

6.

— 30 —

按照给定的尺寸 1∶1 绘制下列三视图。

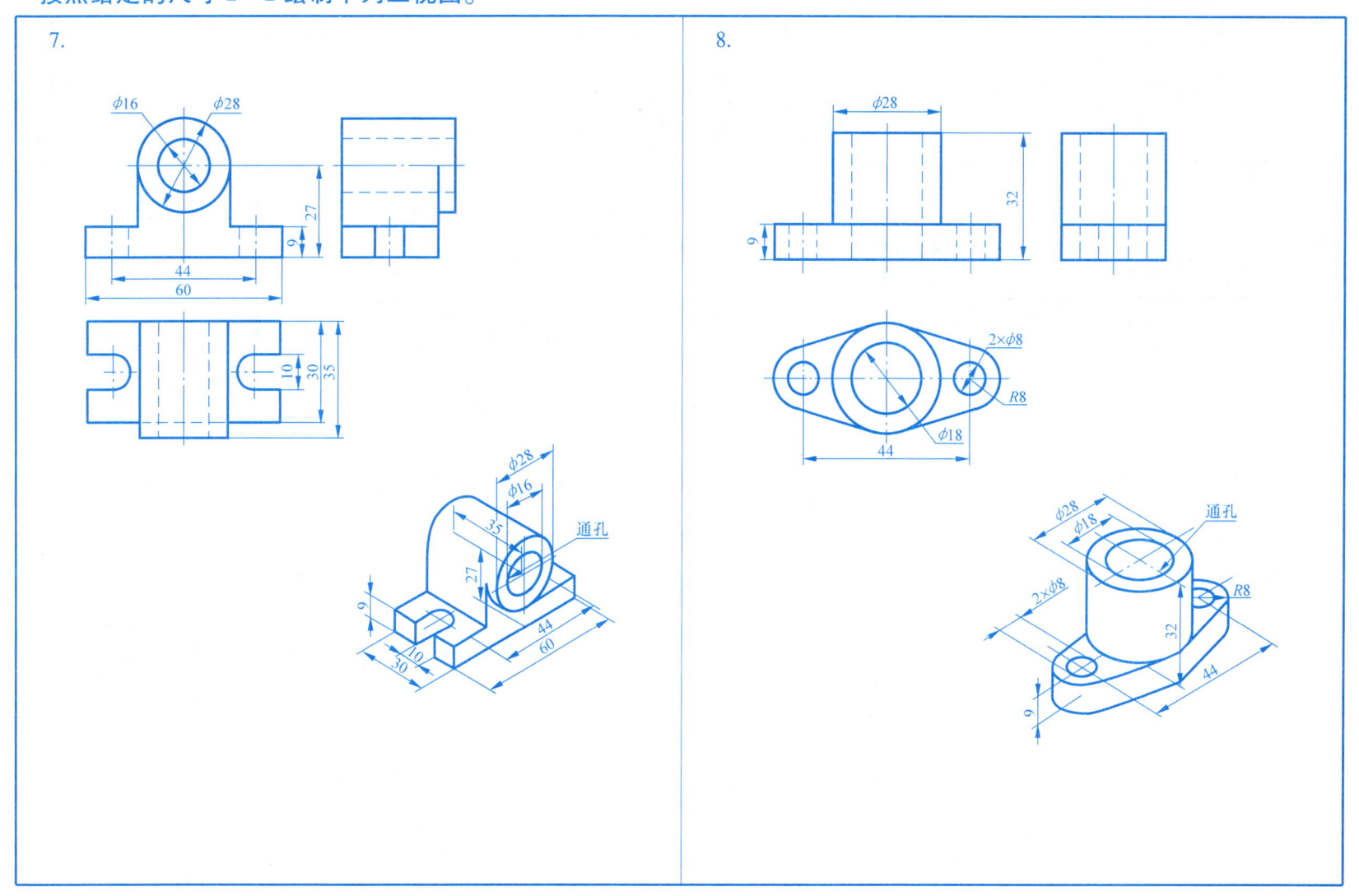

7.

8.

按照给定的尺寸 1∶1 绘制下列三视图。

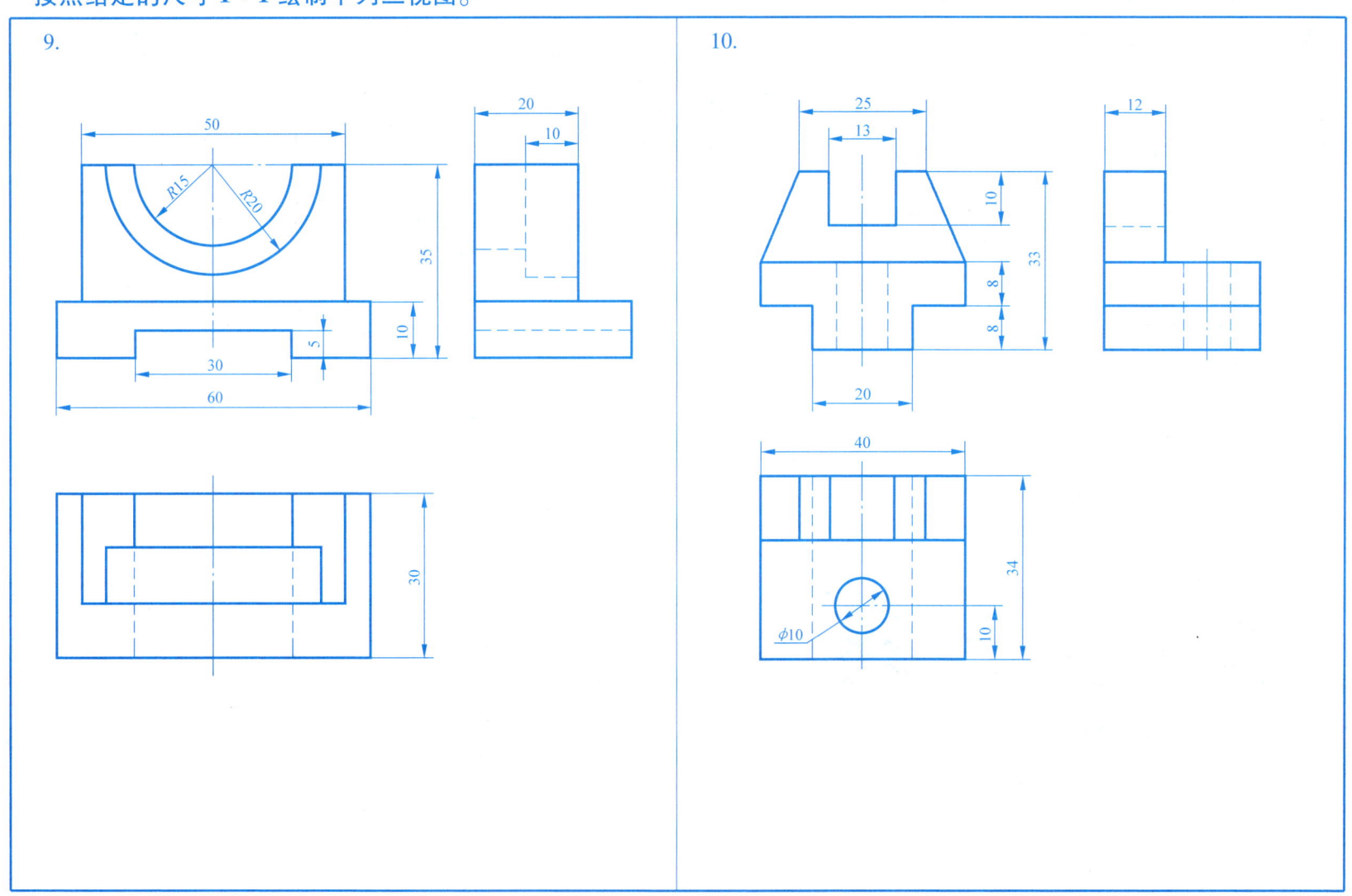

9.

10.

班级：　　　姓名：　　　学号：　　　成绩：

按照给定的尺寸 1∶1 绘制下列三视图。

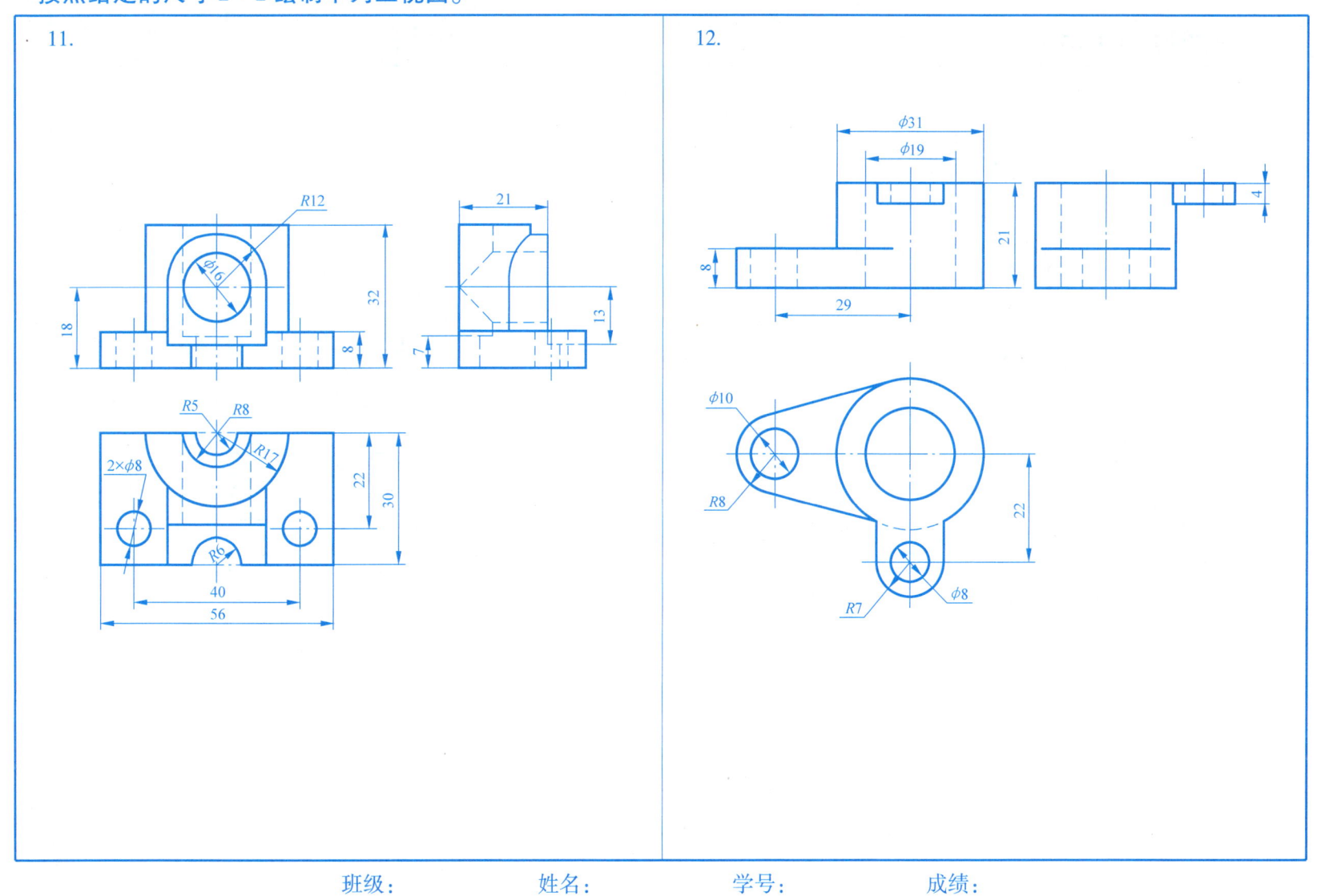

11.

12.

项目六　剖视图的绘制与编辑

按照给定的尺寸 1∶1 抄画下列剖视图。

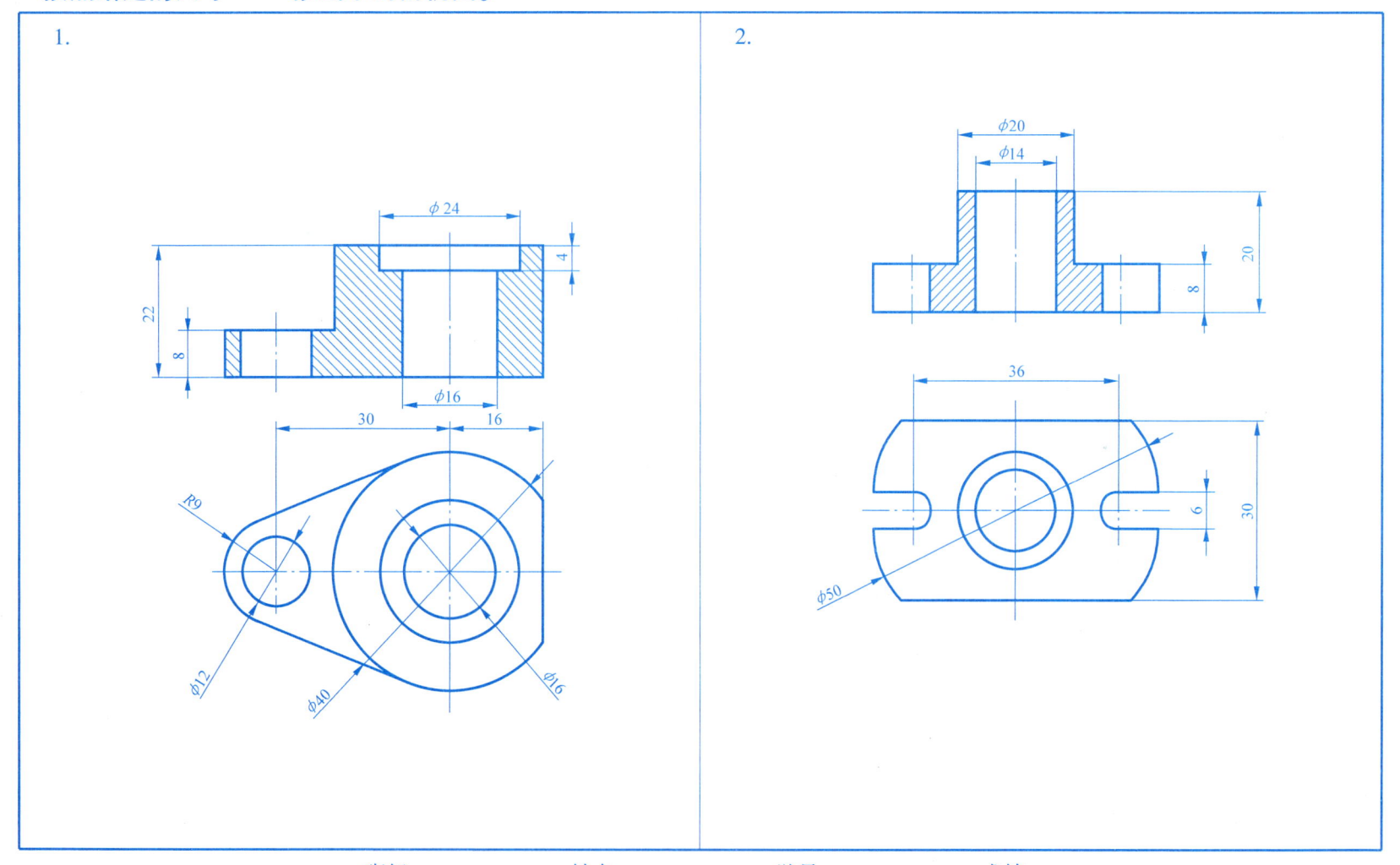

1.

2.

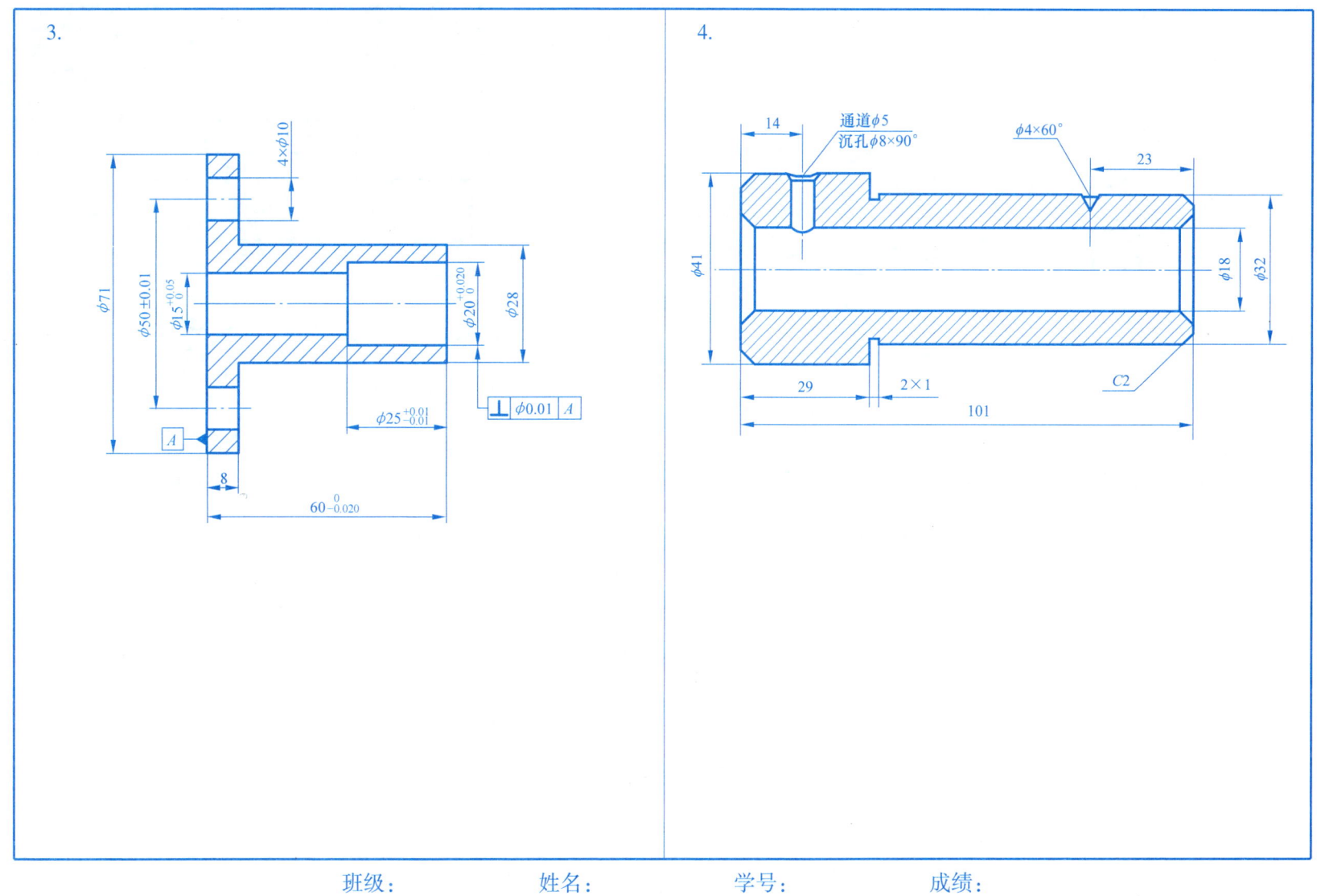

按照给定的尺寸 1∶1 抄画下列剖视图。

3.

4.

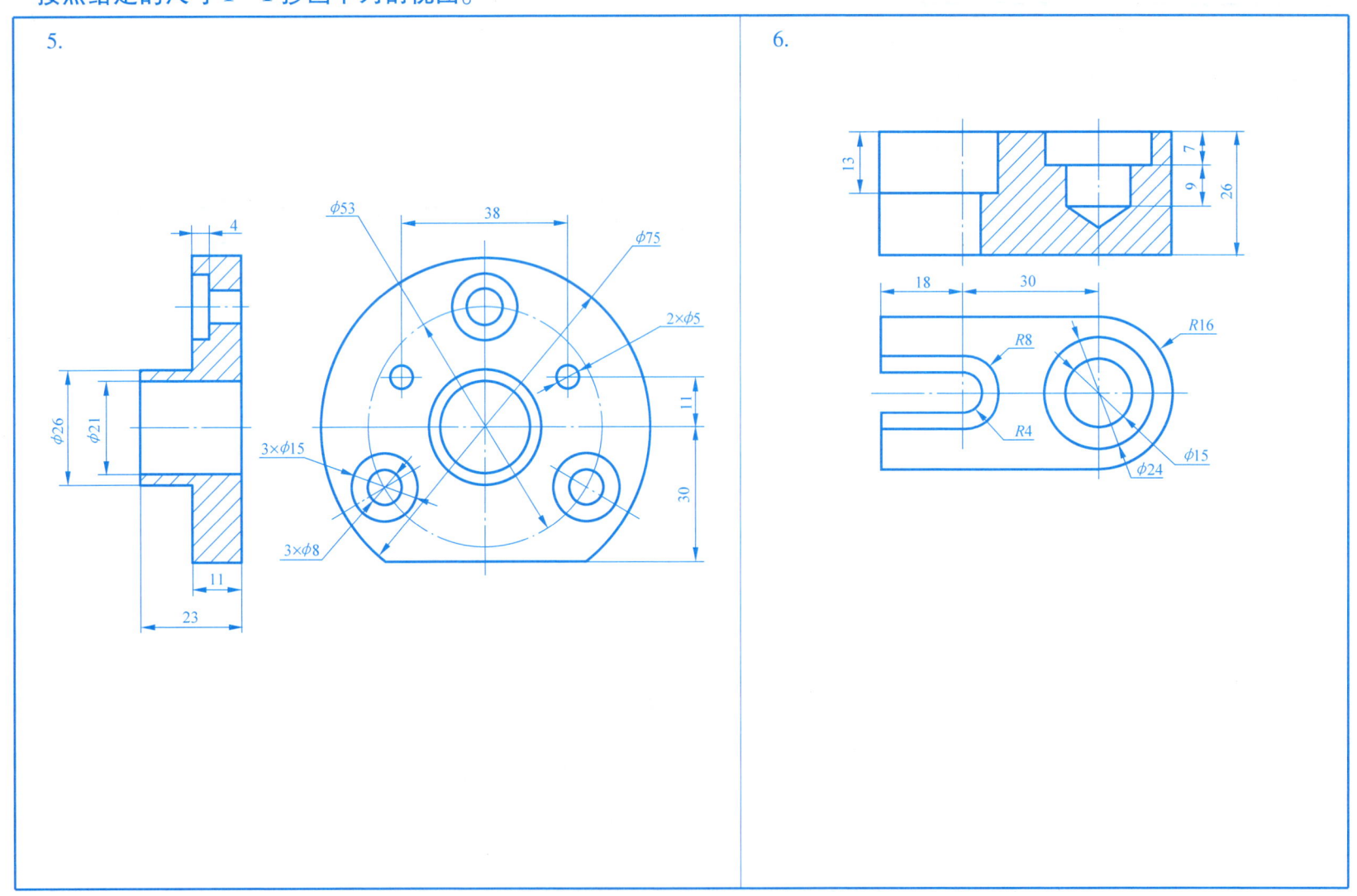

按照给定的尺寸 1∶1 抄画下列剖视图。

5.

6.

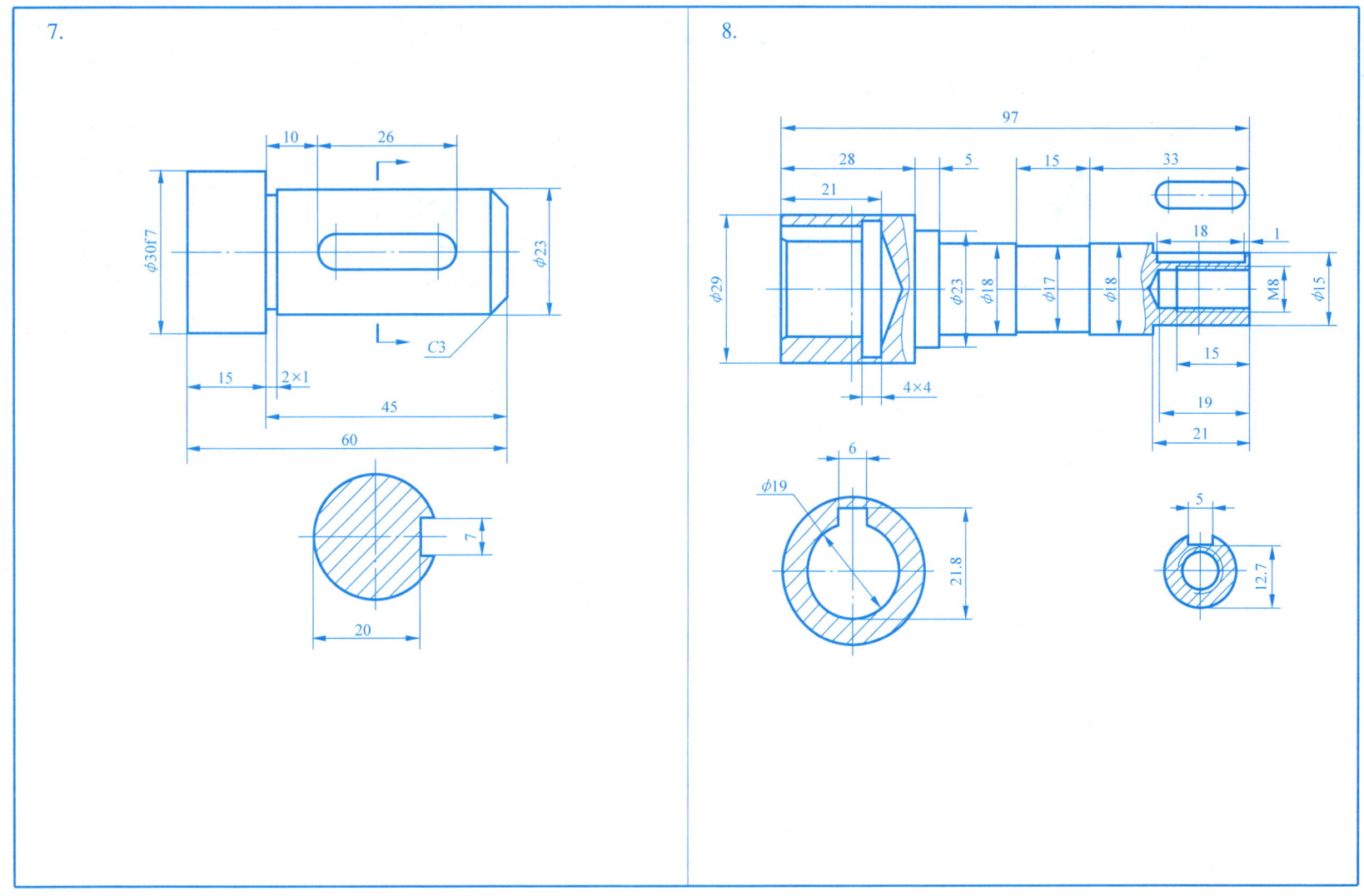

按照给定的尺寸 1∶1 抄画下列剖视图。

7.

8.

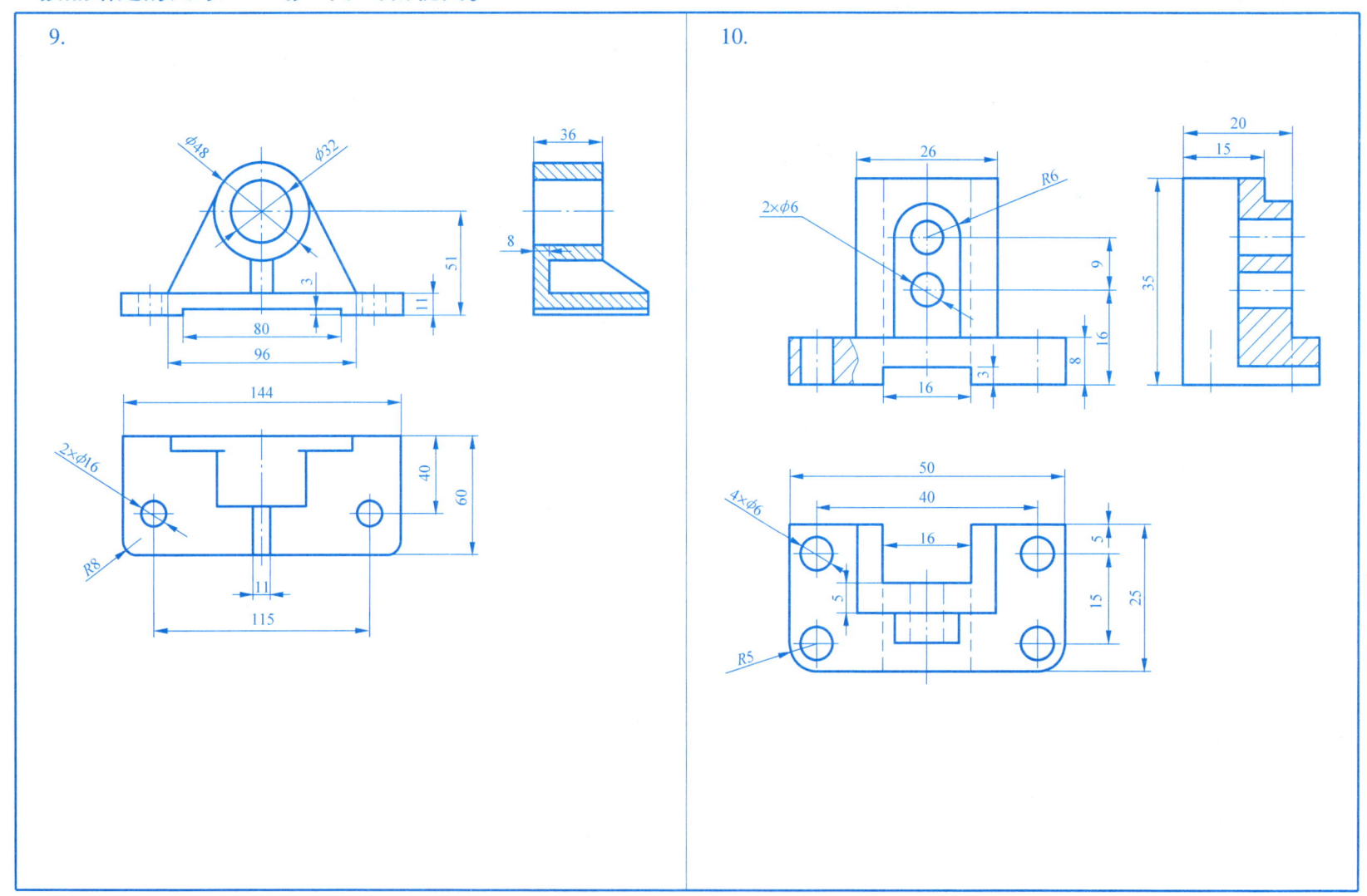

按照给定的尺寸 1：1 抄画下列剖视图。

9.

10.

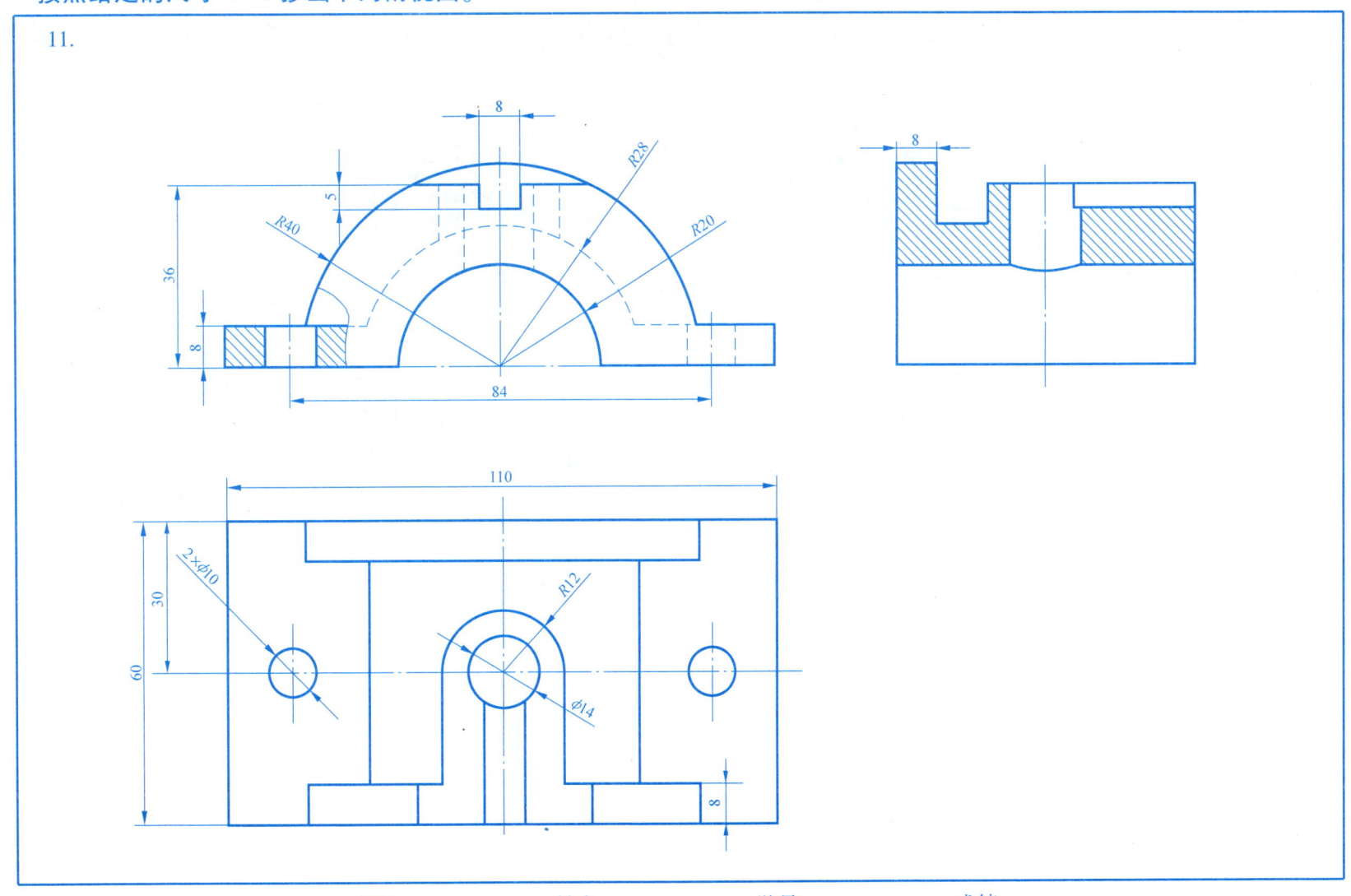

按照给定的尺寸 1：1 抄画下列剖视图。

11.

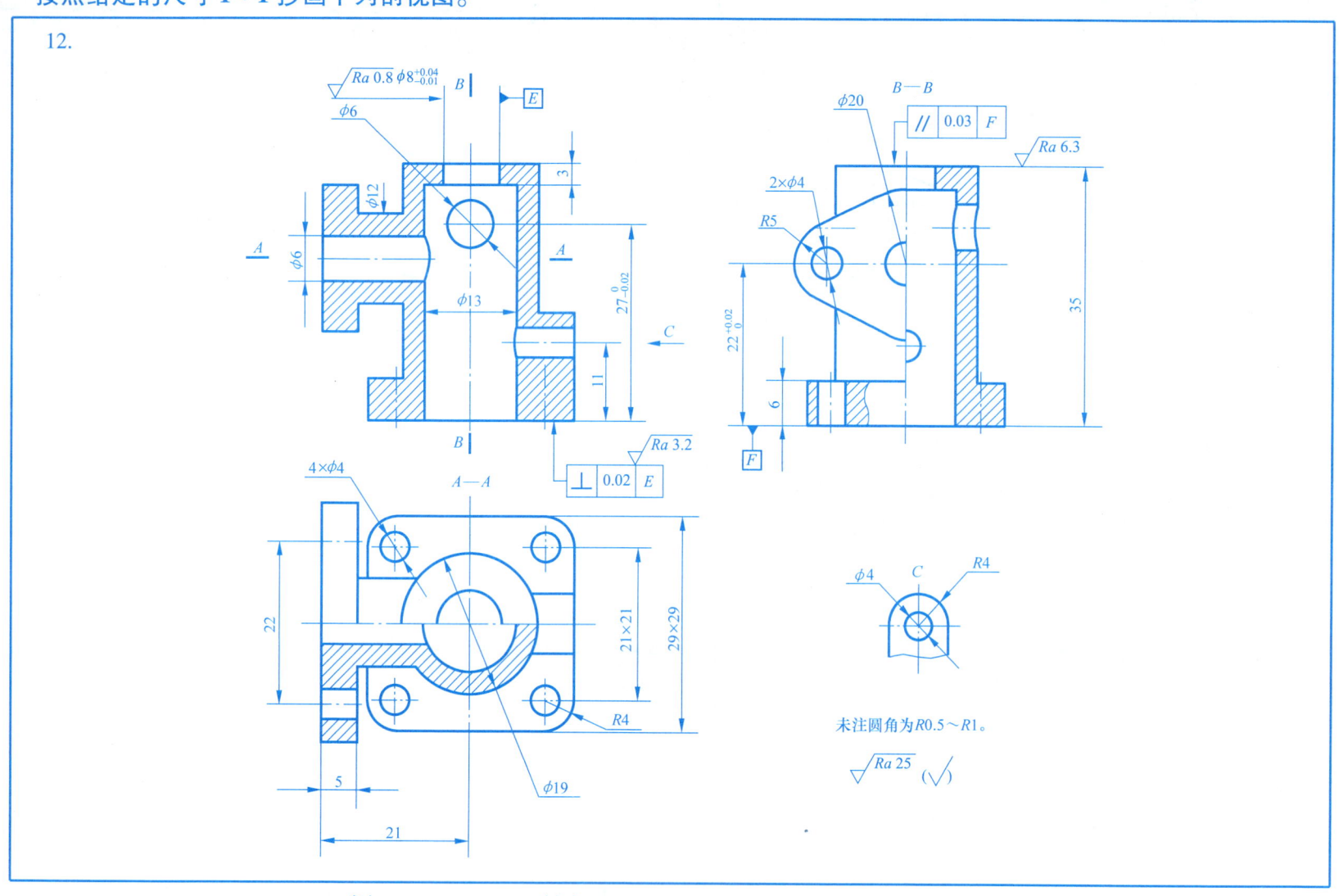

按照给定的尺寸 1：1 抄画下列剖视图。

12.

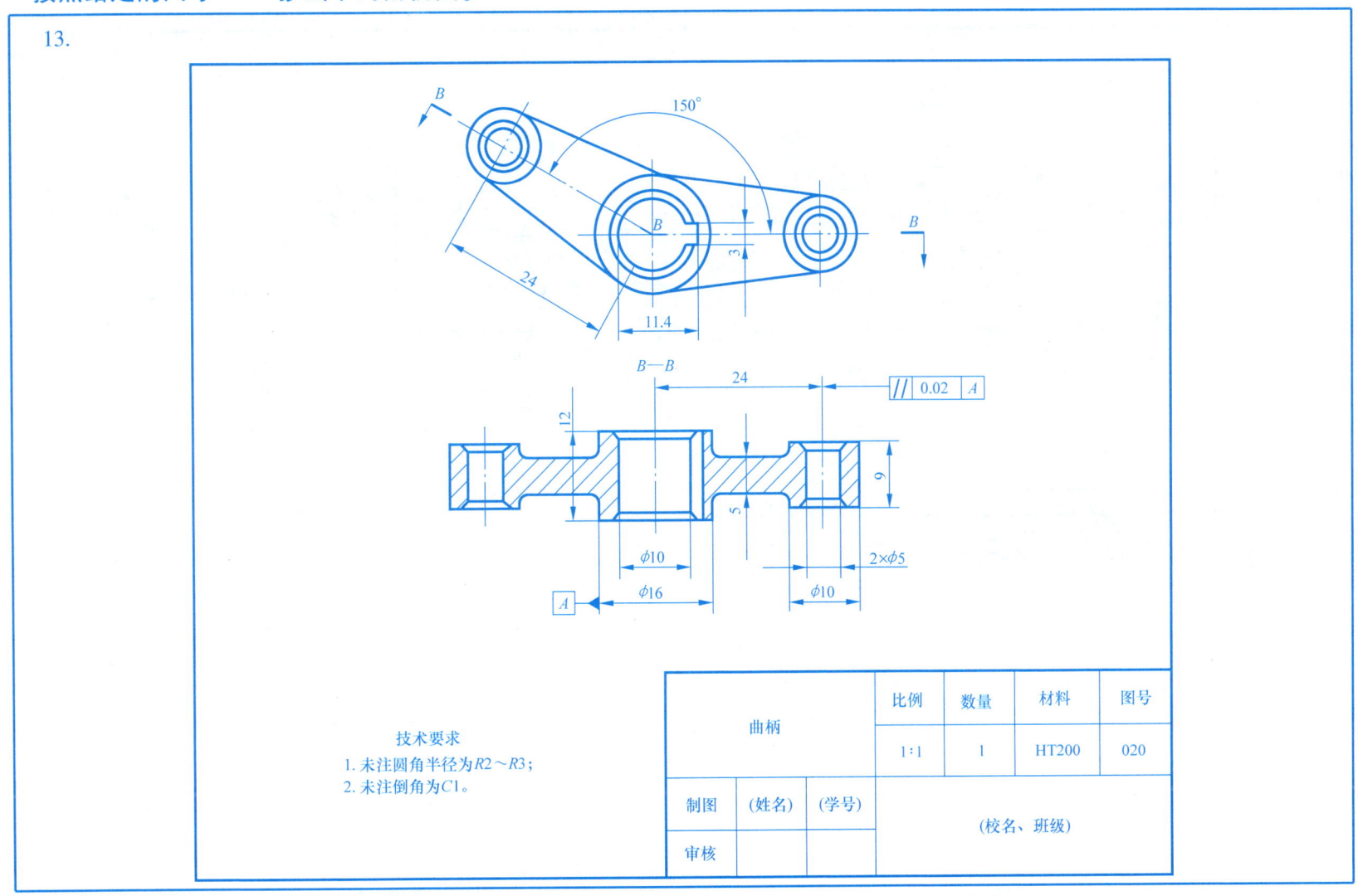

按照给定的尺寸 1∶1 抄画下列剖视图。

13.

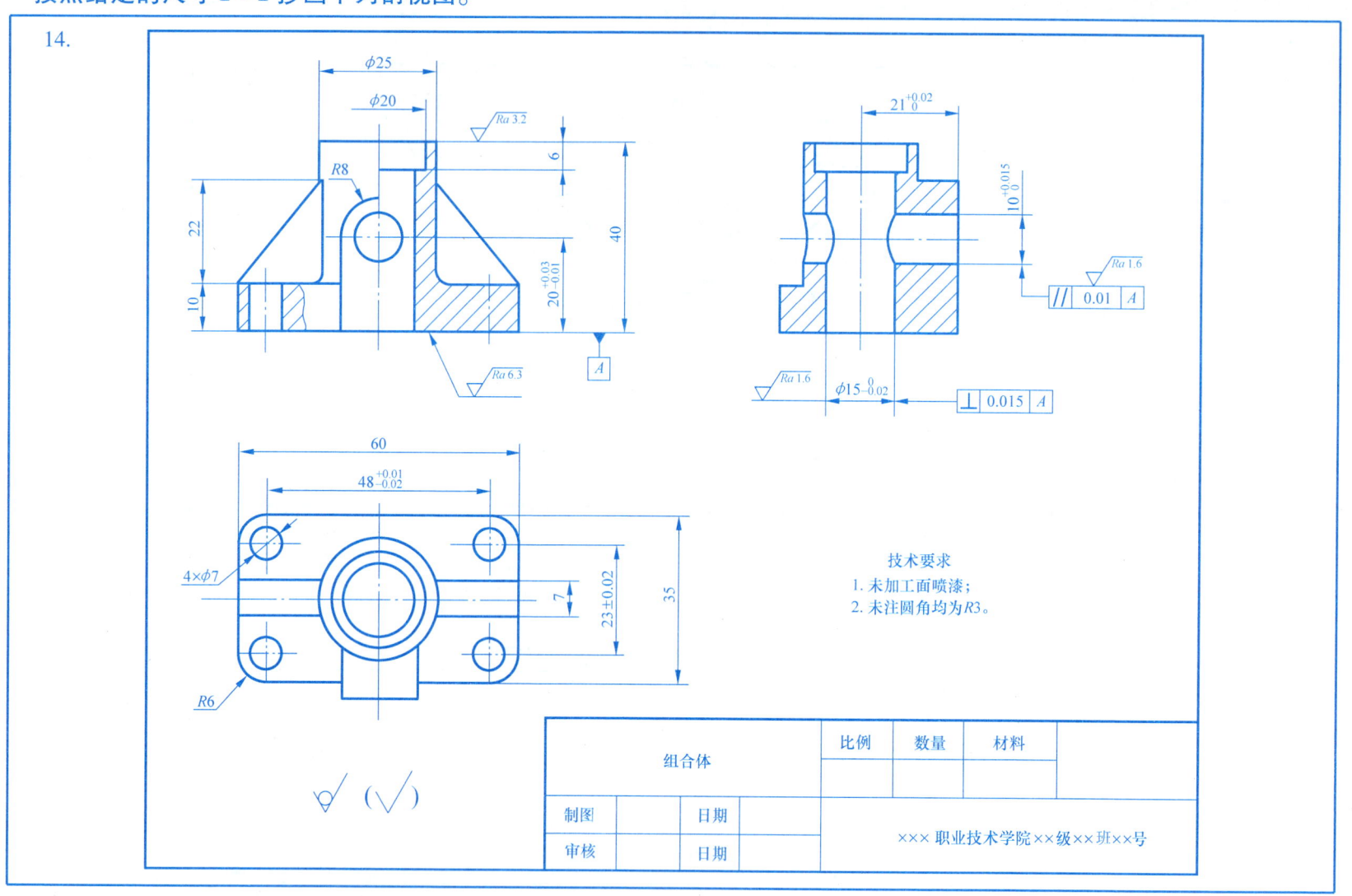

按照给定的尺寸 1∶1 抄画下列剖视图。

14.

技术要求
1. 未加工面喷漆；
2. 未注圆角均为 R3。

		组合体		比例	数量	材料
				制图		日期		×××职业技术学院××级××班××号
				审核		日期		

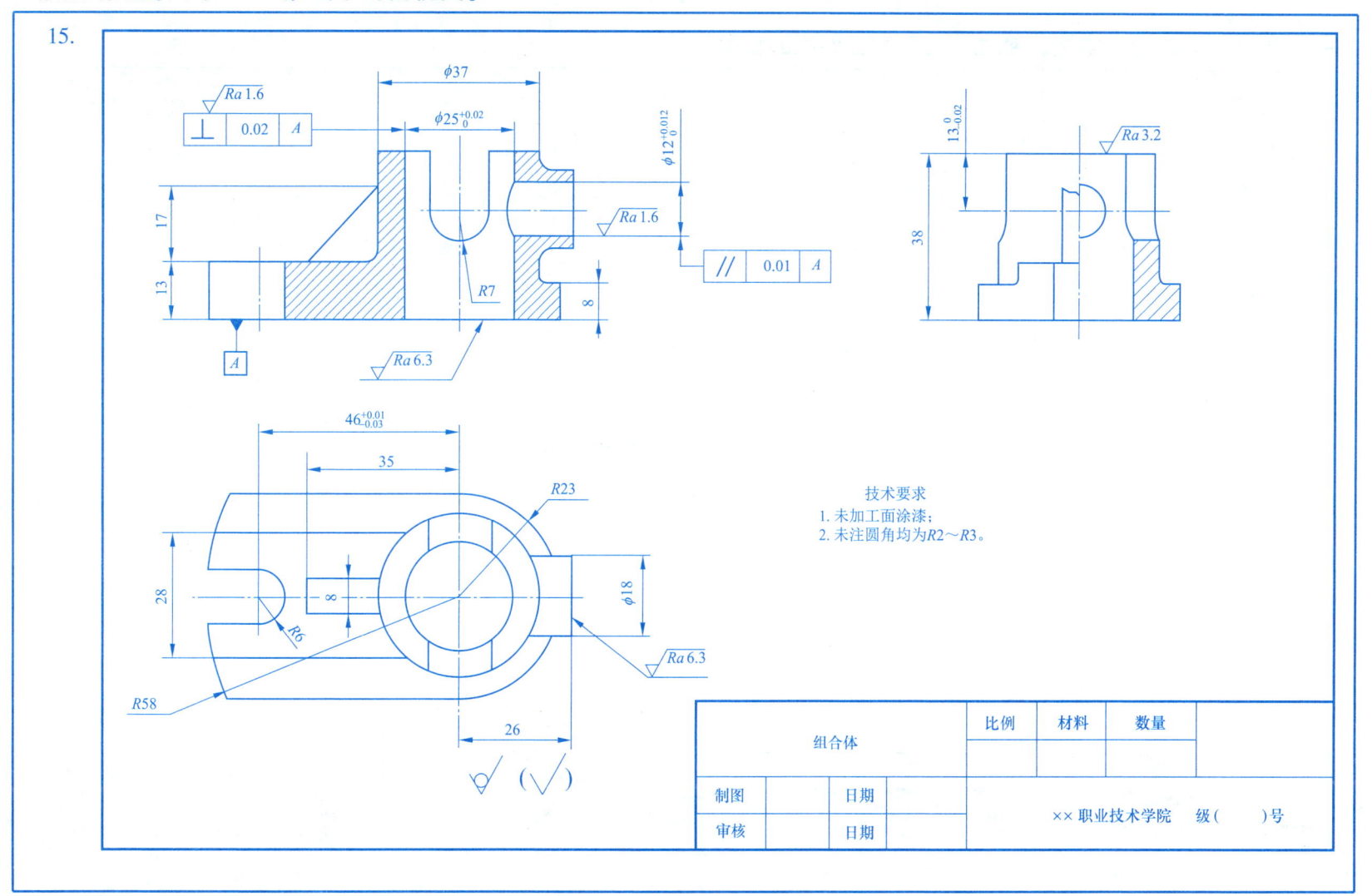

按照给定的尺寸 1∶1 抄画下列剖视图。

15.

项目七 书写文字

一、练习下列表面粗糙度、基准、文字和标题栏的填写。

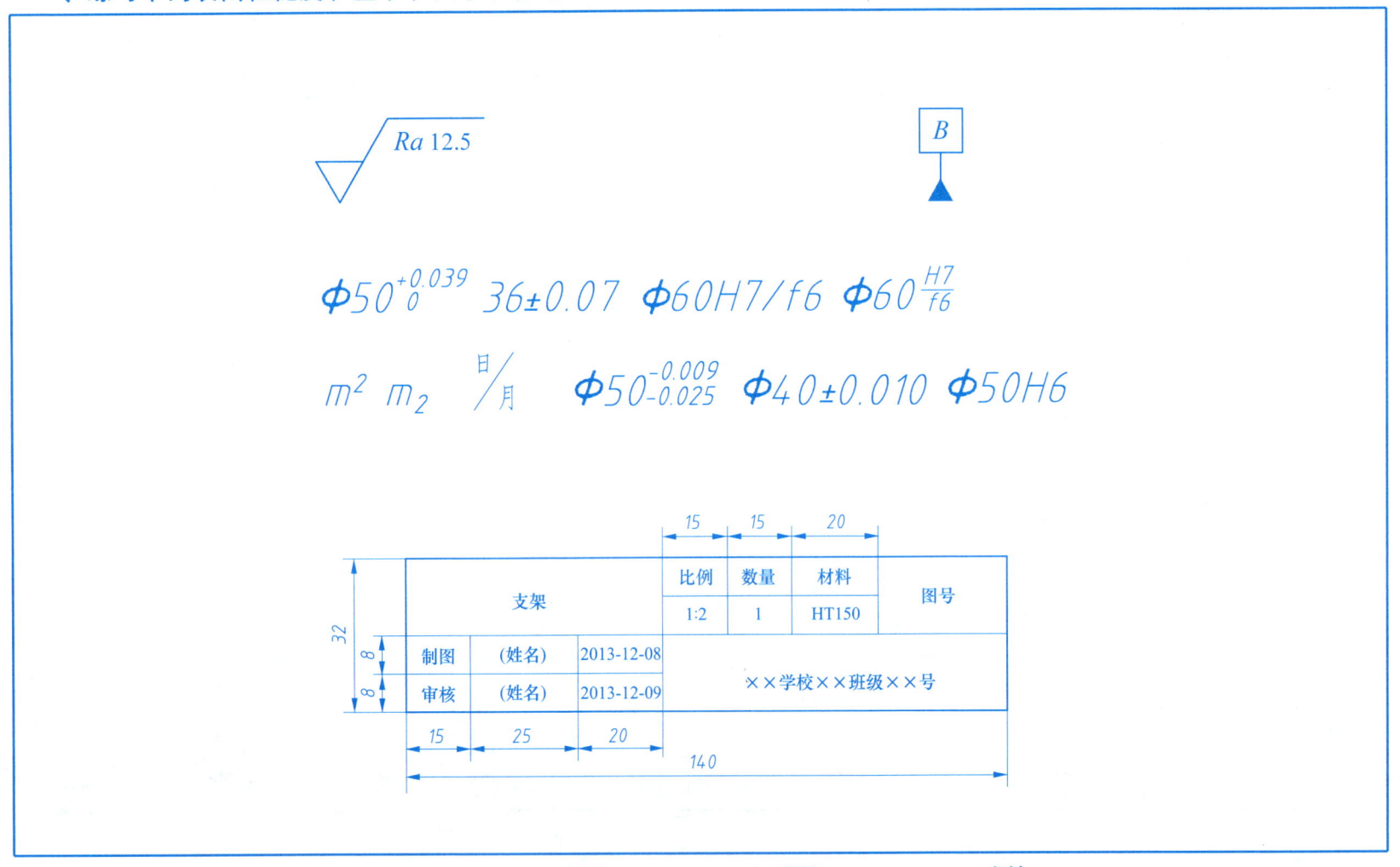

$\sqrt{Ra\,12.5}$

B

$\phi 50^{+0.039}_{0}$ 36 ± 0.07 $\phi 60H7/f6$ $\phi 60\dfrac{H7}{f6}$

m^2 m_2 日/月 $\phi 50^{-0.009}_{-0.025}$ $\phi 40\pm 0.010$ $\phi 50H6$

支架	比例	数量	材料	图号
	1:2	1	HT150	
制图	(姓名)	2013-12-08	××学校××班级××号	
审核	(姓名)	2013-12-09		

班级：　　　姓名：　　　学号：　　　成绩：

二、创建对应文字样式，书写如下图所示的段落文字。

1.

技术要求
(1) 转动扳手时，应松紧灵活，不得时紧时松；
(2) 钳口工作面在闭合时，全部平面紧密接触。

$\phi 30\pm 0.02$ $60°$ 中文版 $37℃$ $\phi 50^{+0.039}_{\ \ 0}$

日/月 $\phi 60 \dfrac{H7}{f6}$ $\phi 50^{-0.009}_{-0.025}$ m^2 m_2

2.

　　在标注文本之前，需要对文本的字体定义一种样式，字体样式是所有字体文件、字体大小宽度系数等参数的综合。

　　单行文字标注适用于标注文字较短的信息，如工程制图中的材料说明、机械制图中的部件名称等。

　　标注多行文字时，可以使用不同的字体和字号。多行文字适用于标注一些段落性的文字，如技术要求、装配说明等。

班级：　　　姓名：　　　学号：　　　成绩：

三、文字书写练习。

1. 将如图（a）所示的文字编辑为图（b）所示文字，图（b）中文字特性如下。

箱体零件图　　⟹　　变速器箱体零件图

未注圆角半径*R*3。　　⟹　　所有圆角半径*R*3。

技术要求　　⟹　　**技术要求**

　　　(a)　　　　　　　　　(b)

2. 用多行文字书写下列技术要求。

技术要求
(1) 主梁在制造完毕后，应按二次抛物线：$y=f(x)=4(1-x)x/12$ 起拱；
(2) 钢板厚度 $\delta \geqslant 6\text{mm}$；
(3) 隔板根部切角为 20×20mm。

班级：　　姓名：　　学号：　　成绩：

项目八　图块、外部参照与设计中心

一、练习创建属性图块。

1. 绘制如下图所示的图形，并写制成带属性的表面粗糙度、基准属性图块。

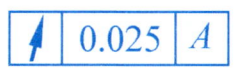

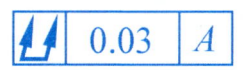

2. 按如图（a）所示尺寸创建名称为"CCD"的表面粗糙度属性图块，完成如图（b）所示平面图形，并标注表面粗糙度。

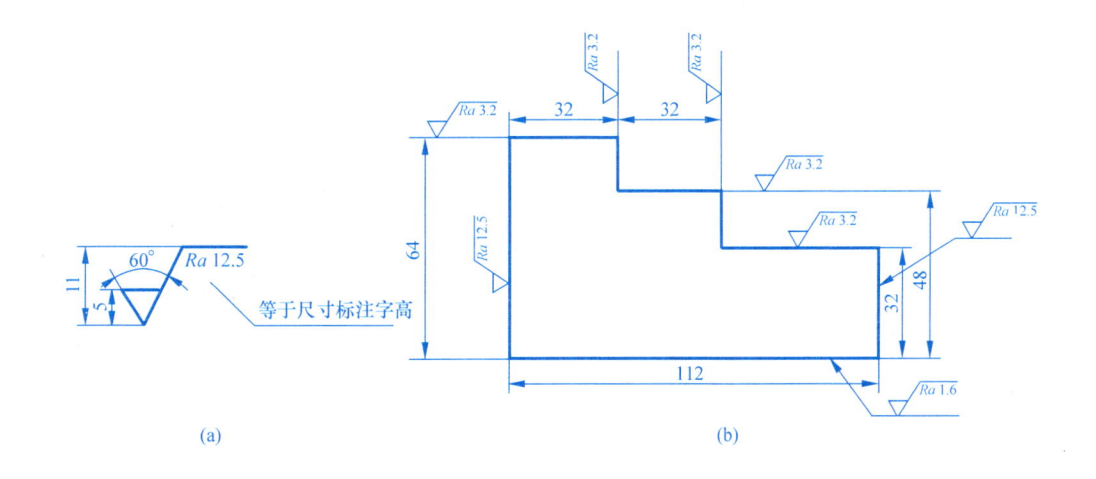

班级：　　　　　姓名：　　　　　学号：　　　　　成绩：

二、练习创建及插入图块

(1) 绘制如图（a）所示图形。将螺栓头及垫圈定义为图块，块名为"螺栓头部"，插入点为 A 点。
(2) 插入图块，结果如图（b）所示。

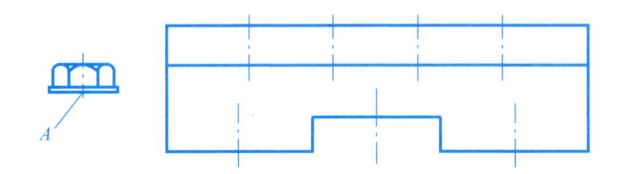

(a)   （b）

班级：   姓名：   学号：   成绩：

— 48 —

三、设计属性明细表

(1) 绘制如图(a)所示的图形,创建"序号""名称""数量""材料"和"备注"等属性项目,并定制成带属性的图块。

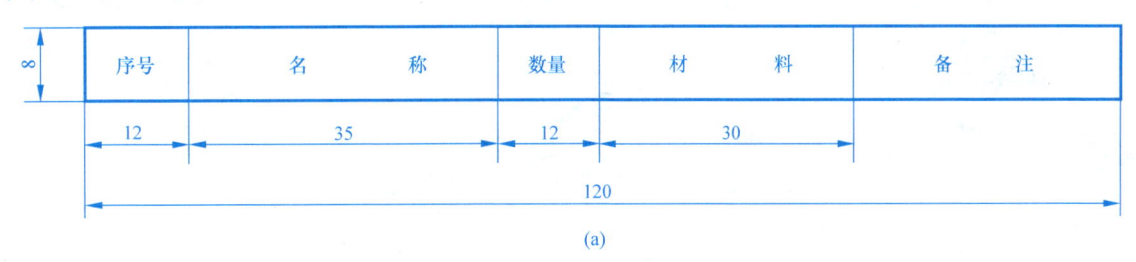

序号	名　　称	数量	材　　料	备　　注

(a)

(2) 将已创建的带属性图块插入绘图区,生成如图(b)所示的明细表。

6	泵轴	1	45	
5	垫圈B12	2	A3	GB97—1976
4	螺母M12	8	45	GB58—1976
3	内转子	1	40Cr	
2	外转子	1	40Cr	
1	泵体	1	HT25-47	
序号	名　　称	数量	材　　料	备　　注

(b)

班级:　　　　　姓名:　　　　　学号:　　　　　成绩:

四、利用面域造型法绘图

创建并阵列面域，结果如图所示。

项目九　传动轴零件图的绘制和尺寸标注

按照给定的尺寸 1∶1 抄画下列轴类零件图。

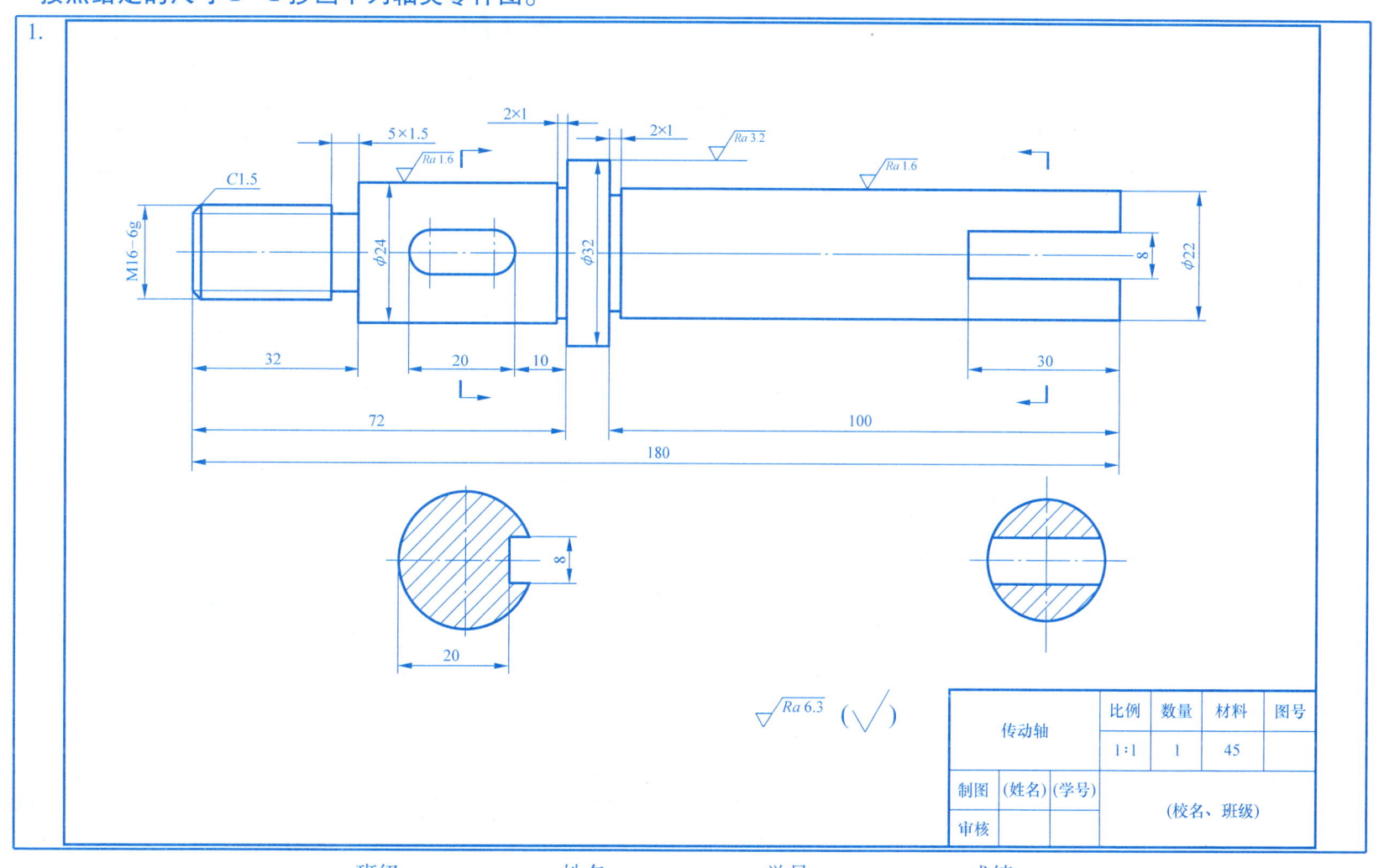

1.

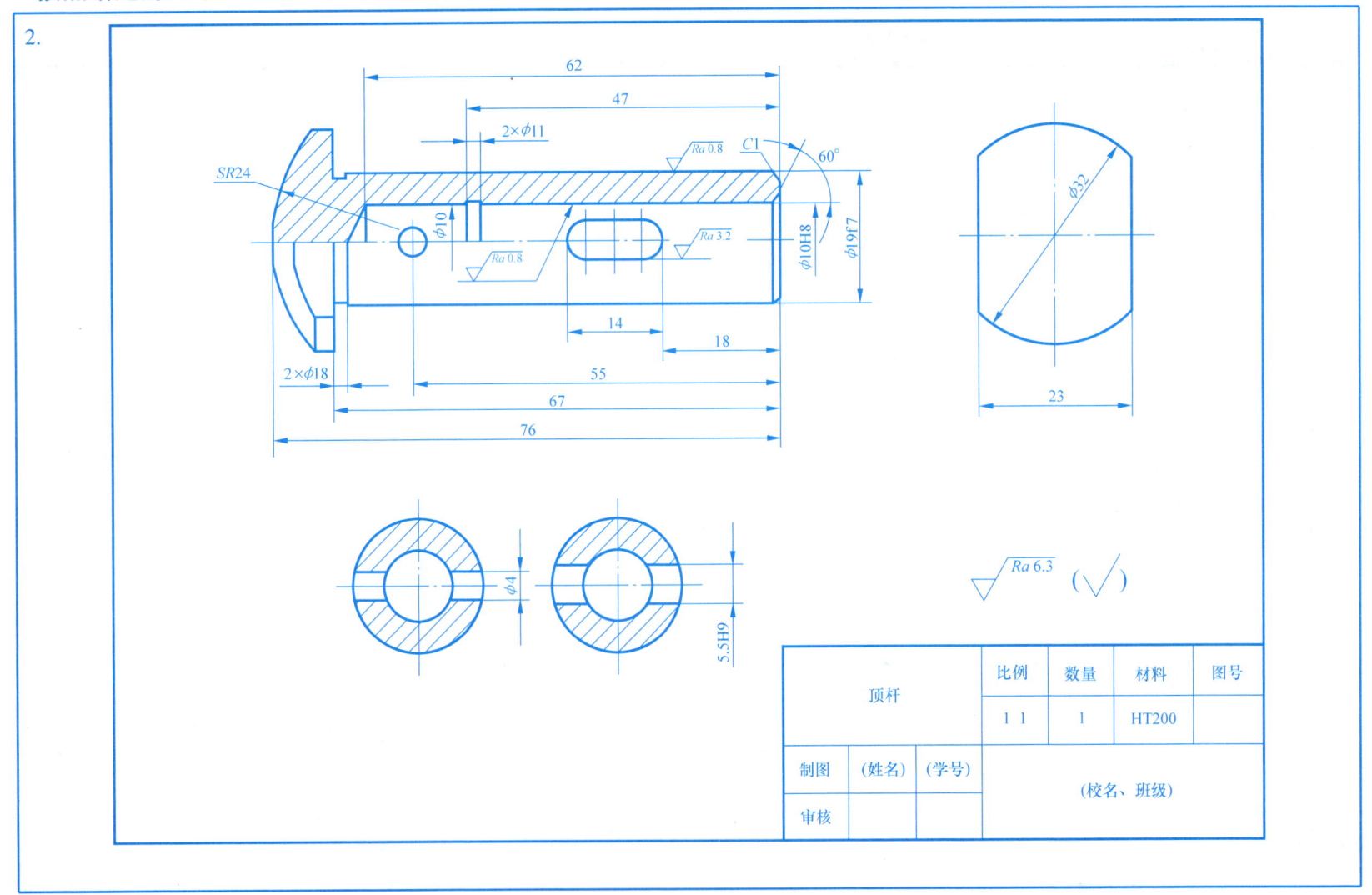

按照给定的尺寸 1：1 抄画下列轴类零件图。

2.

	比例	数量	材料	图号
顶杆	1 1	1	HT200	
制图 (姓名) (学号)	(校名、班级)			
审核				

班级：　　　姓名：　　　学号：　　　成绩：

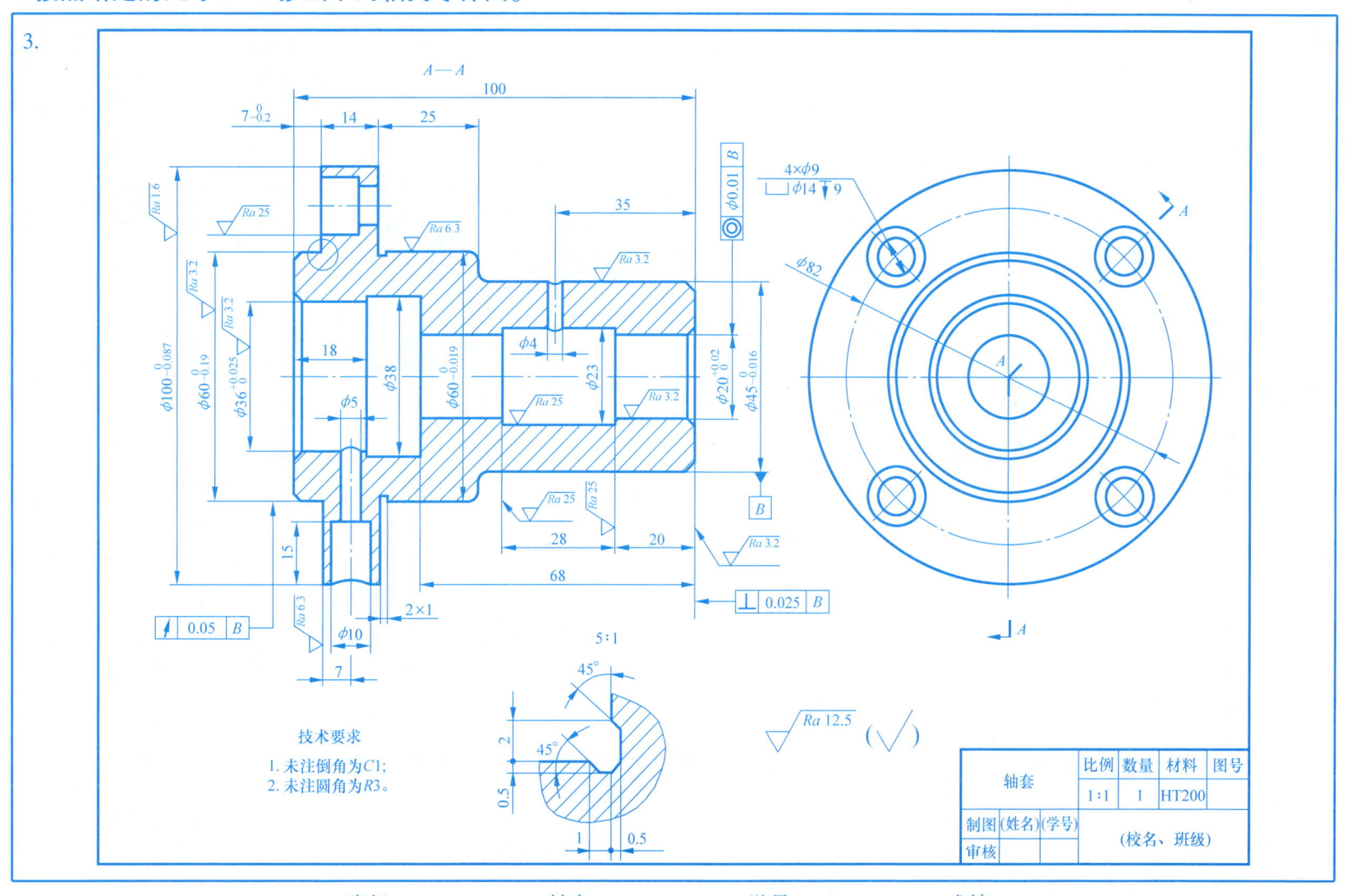

按照给定的尺寸 1：1 抄画下列轴类零件图。

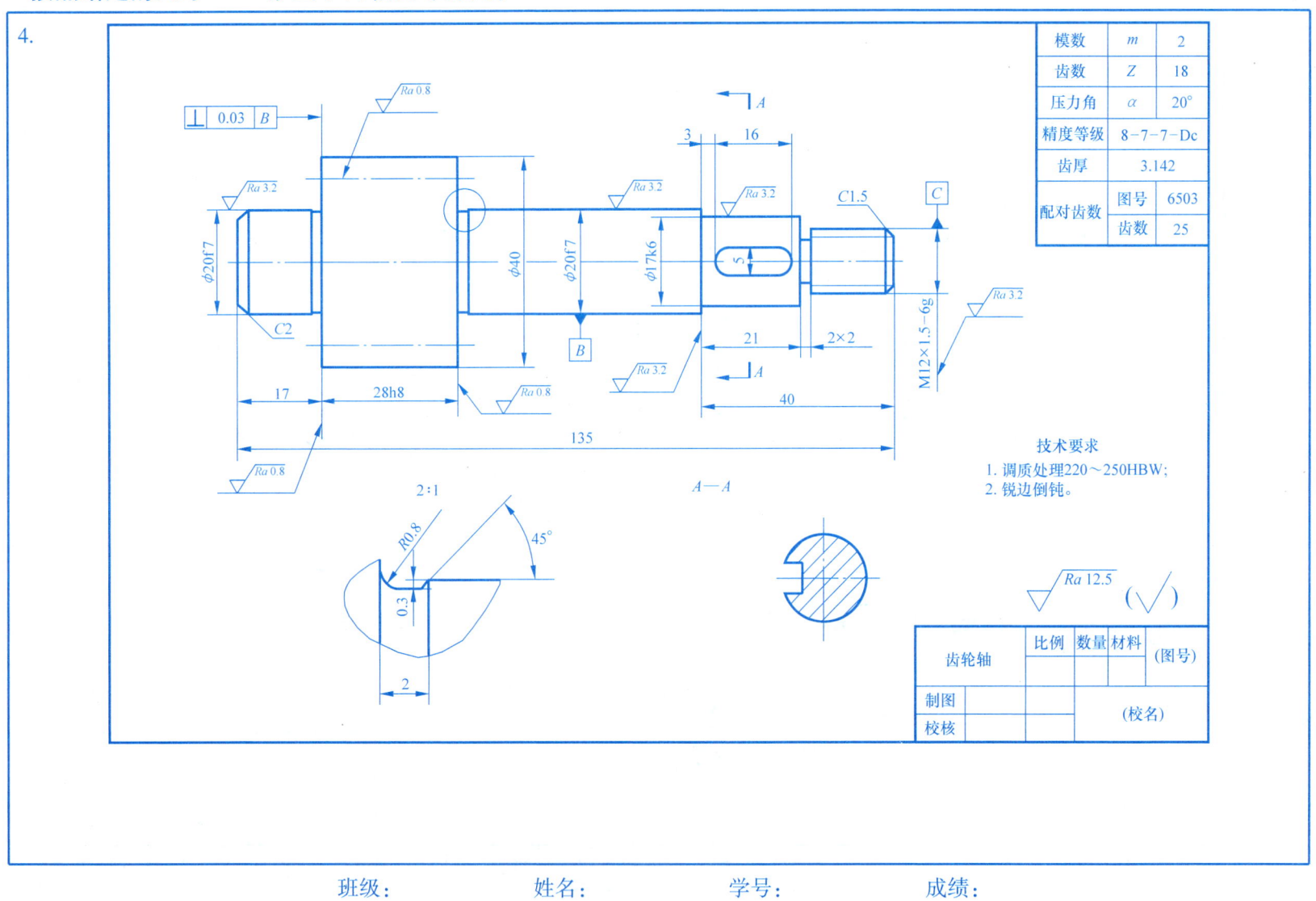

按照给定的尺寸 1∶1 抄画下列轴类零件图。

4.

模数	m	2
齿数	Z	18
压力角	α	20°
精度等级		8-7-7-Dc
齿厚		3.142
配对齿数	图号	6503
	齿数	25

技术要求
1. 调质处理220~250HBW;
2. 锐边倒钝。

齿轮轴	比例	数量	材料	(图号)
制图				(校名)
校核				

班级：　　　姓名：　　　学号：　　　成绩：

按照给定的尺寸 1∶1 抄画下列传动轴零件图，并在指定处补画 B—B 断面图。

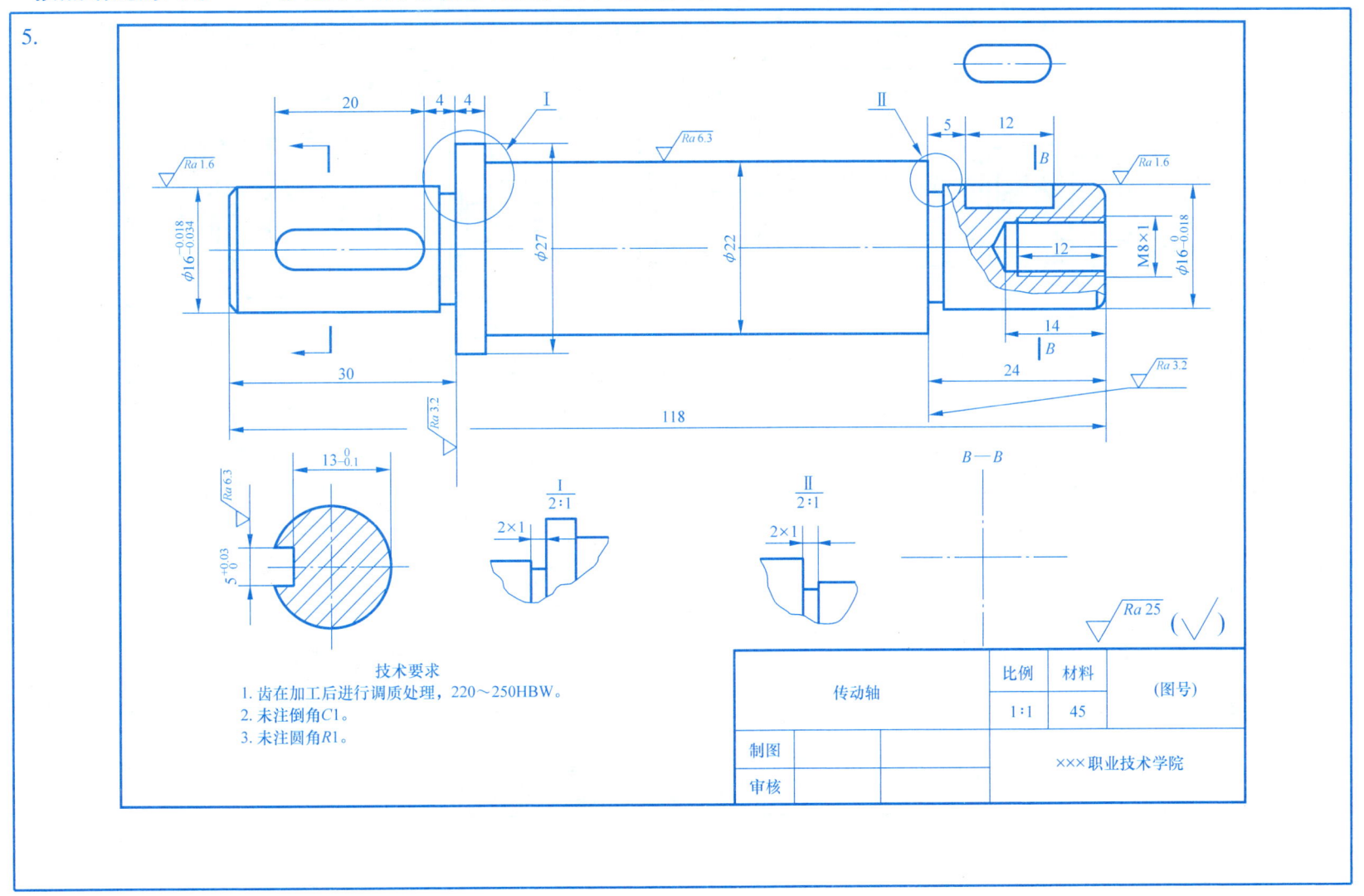

5.

技术要求
1. 齿在加工后进行调质处理，220～250HBW。
2. 未注倒角C1。
3. 未注圆角R1。

	比例	材料	
传动轴	1∶1	45	(图号)
制图			×××职业技术学院
审核			

班级：　　　姓名：　　　学号：　　　成绩：

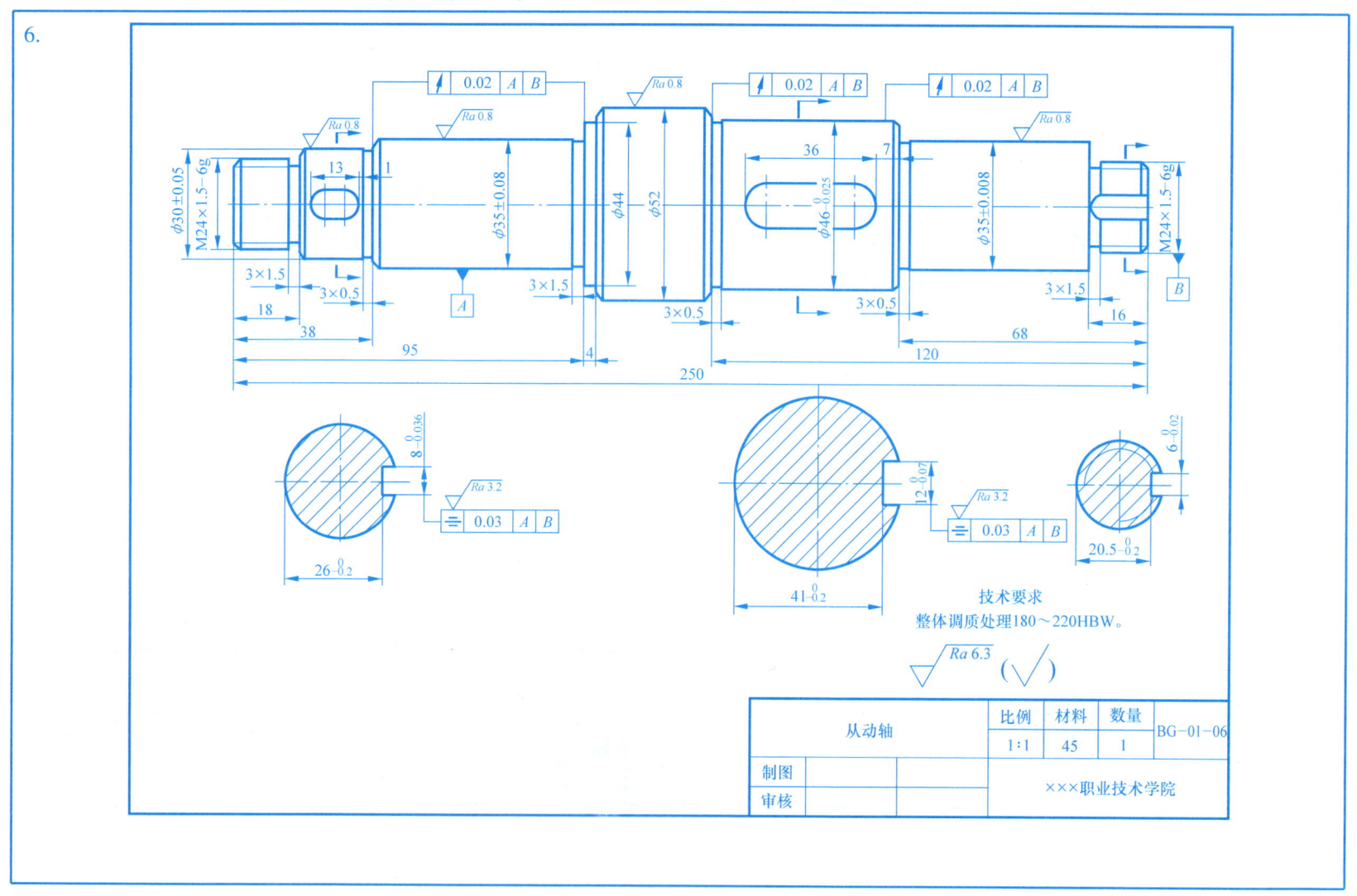

按照给定的尺寸 1∶1 抄画下列轴类零件图。

6.

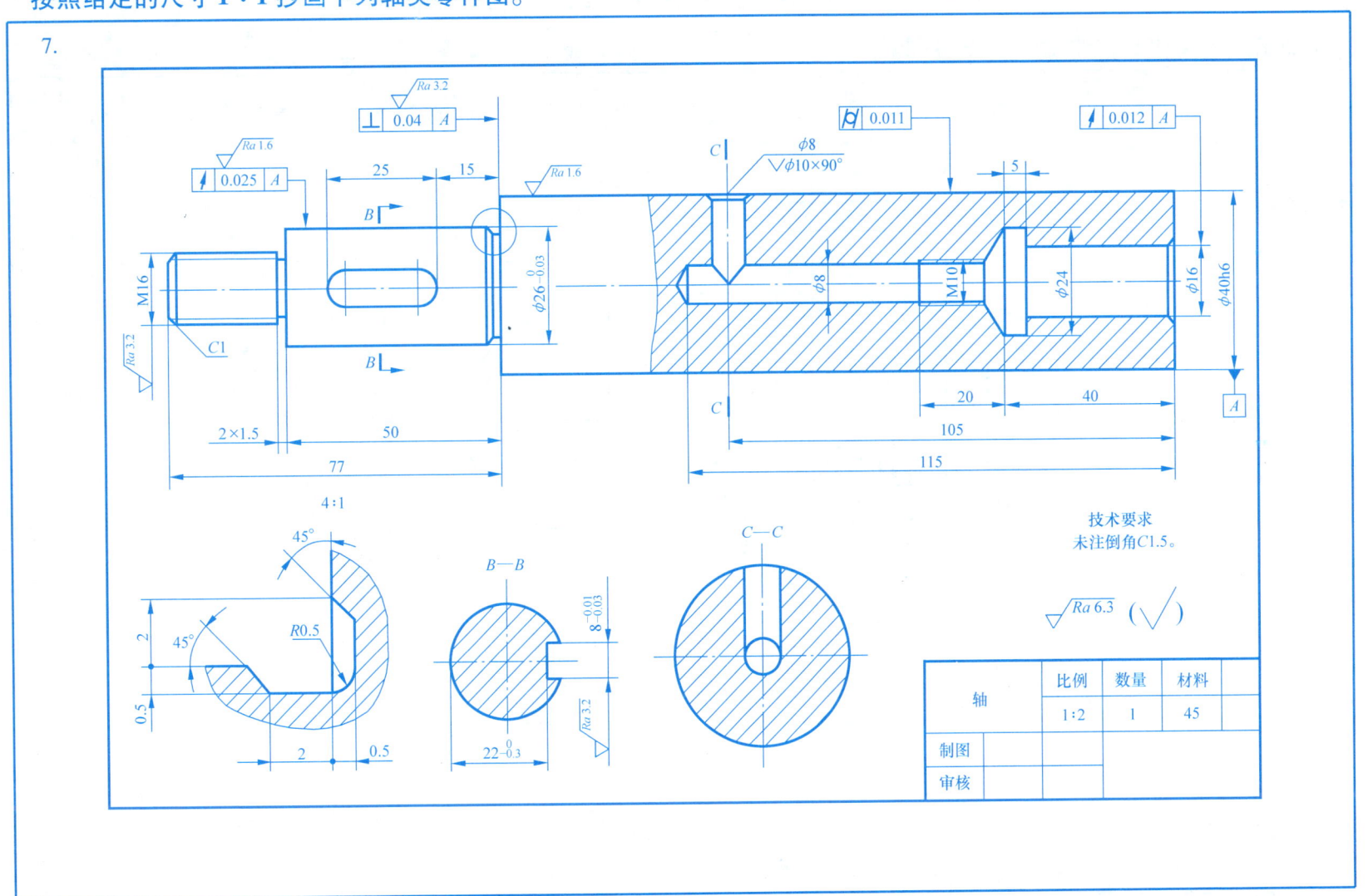

按照给定的尺寸 1：1 抄画下列轴类零件图。

项目十　圆柱齿轮零件图的绘制和尺寸标注

按照给定的尺寸 **1：1** 抄画下列零件图。

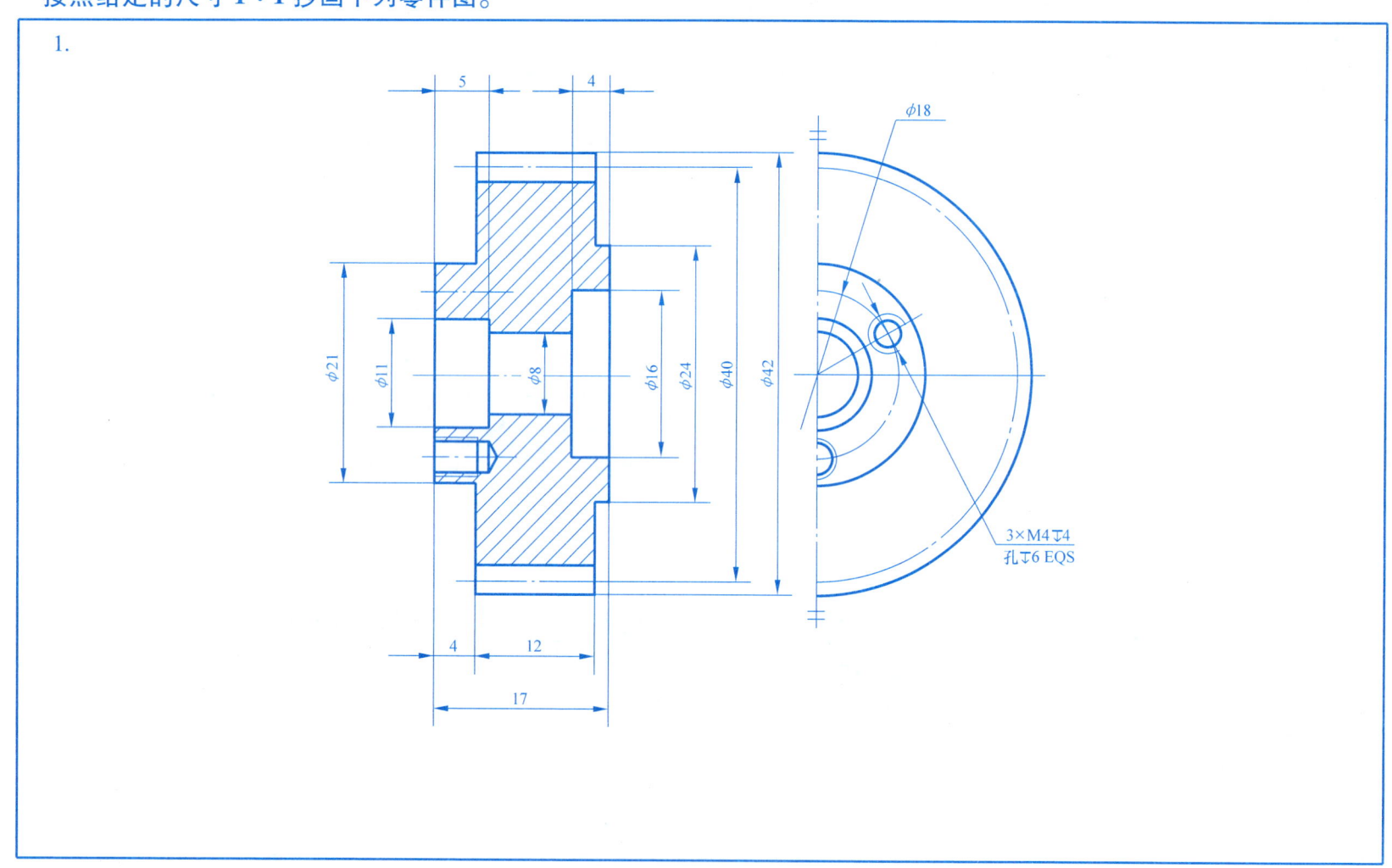

1.

按照给定的尺寸 1∶1 抄画下列零件图。

2.

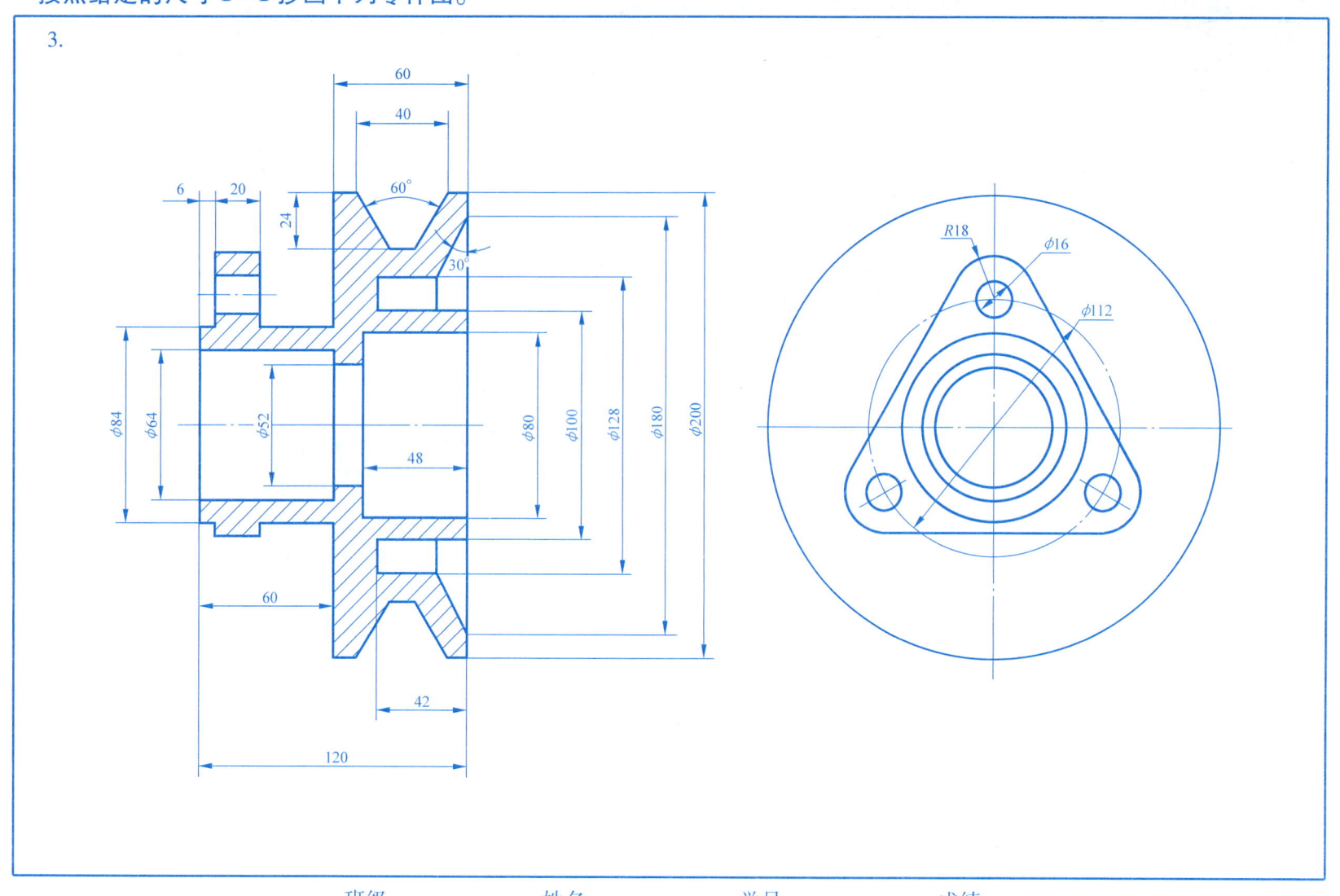

按照给定的尺寸 1∶1 抄画下列零件图。

3.

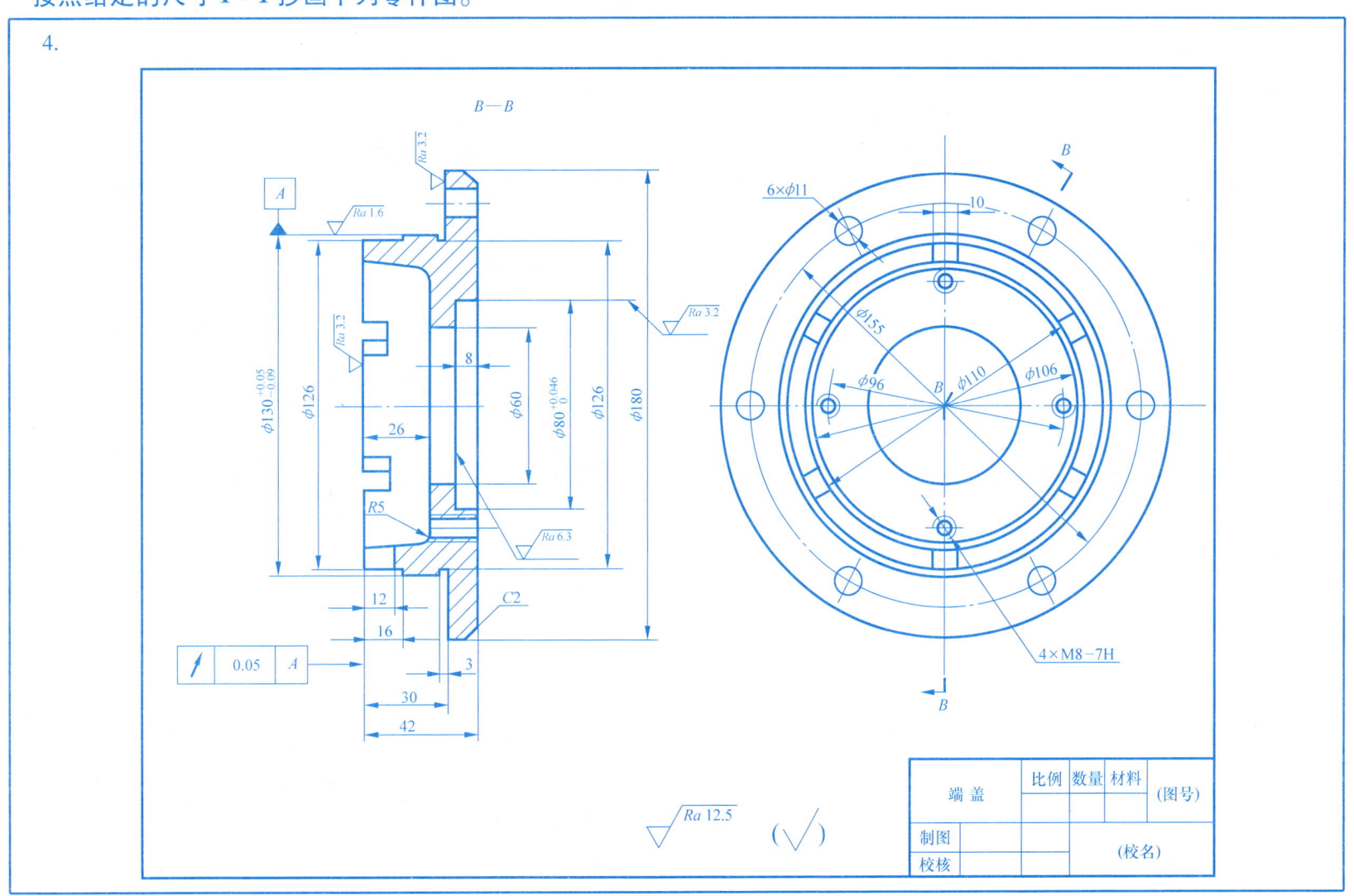

按照给定的尺寸 1∶1 抄画下列零件图。

4.

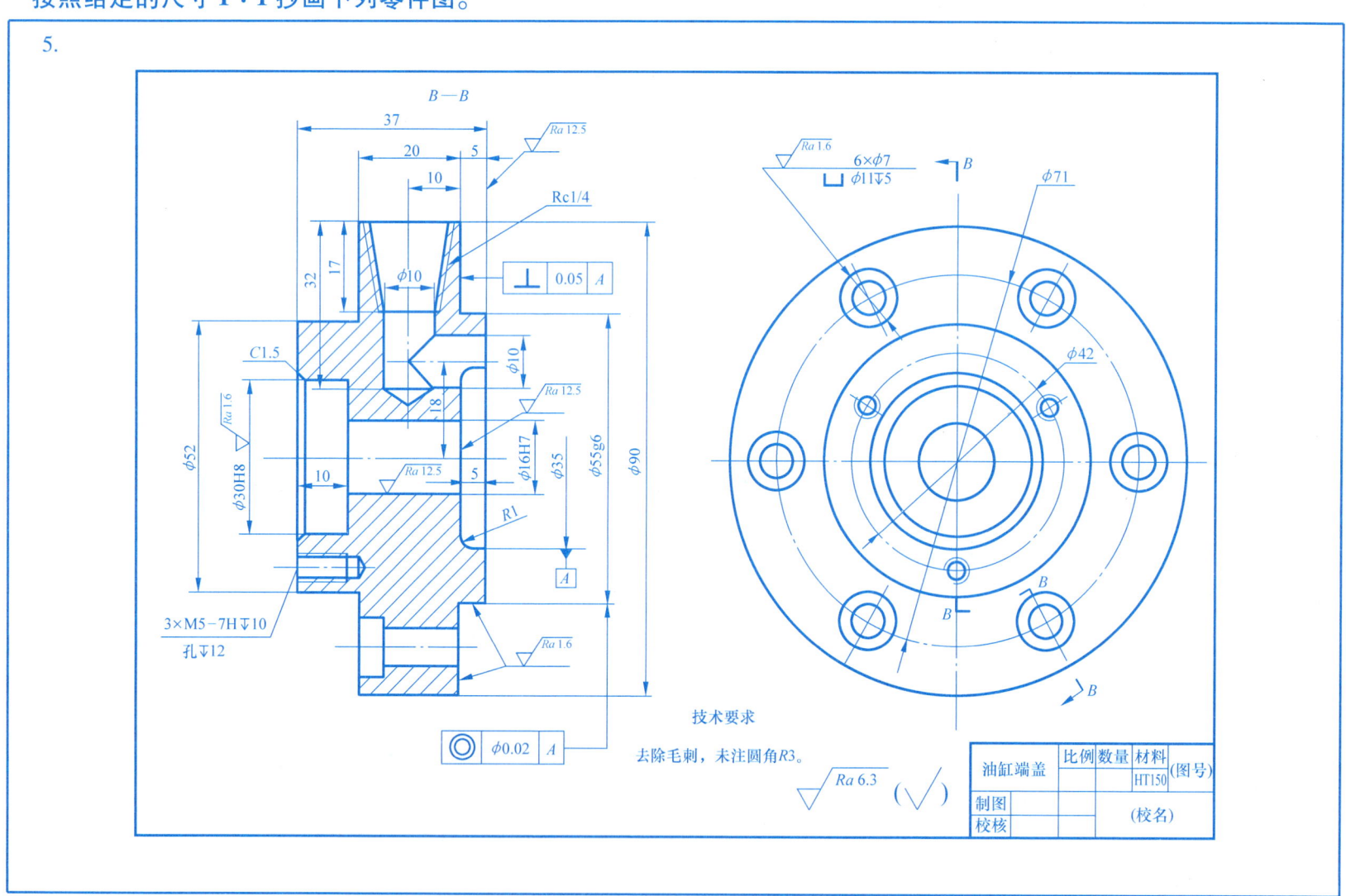

按照给定的尺寸 1∶1 抄画下列零件图。

5.

技术要求

去除毛刺,未注圆角R3。

油缸端盖　材料 HT150

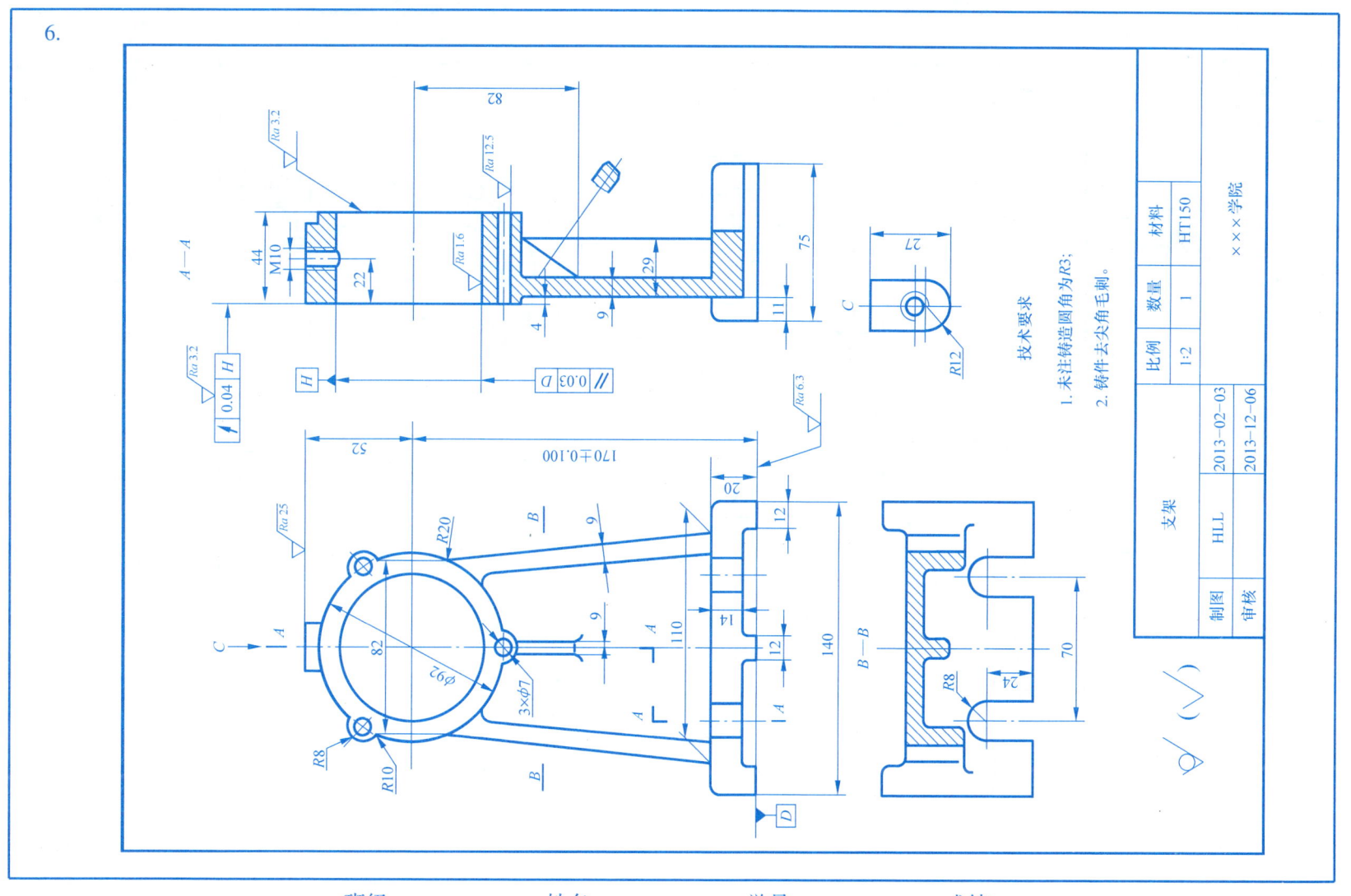

按照给定的尺寸 1：1 抄画下列零件图。

6.

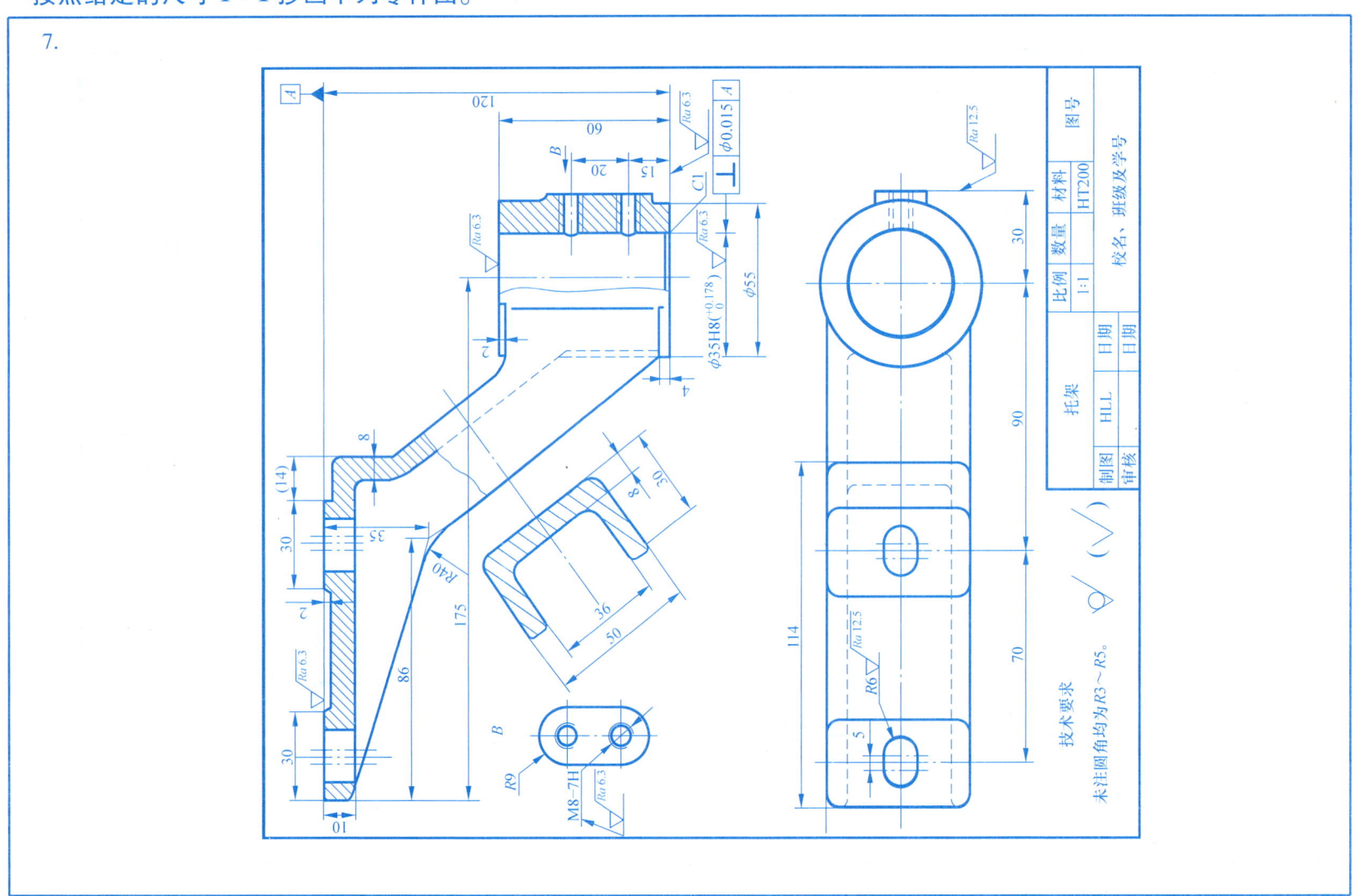

按照给定的尺寸 1∶1 抄画下列零件图。

7.

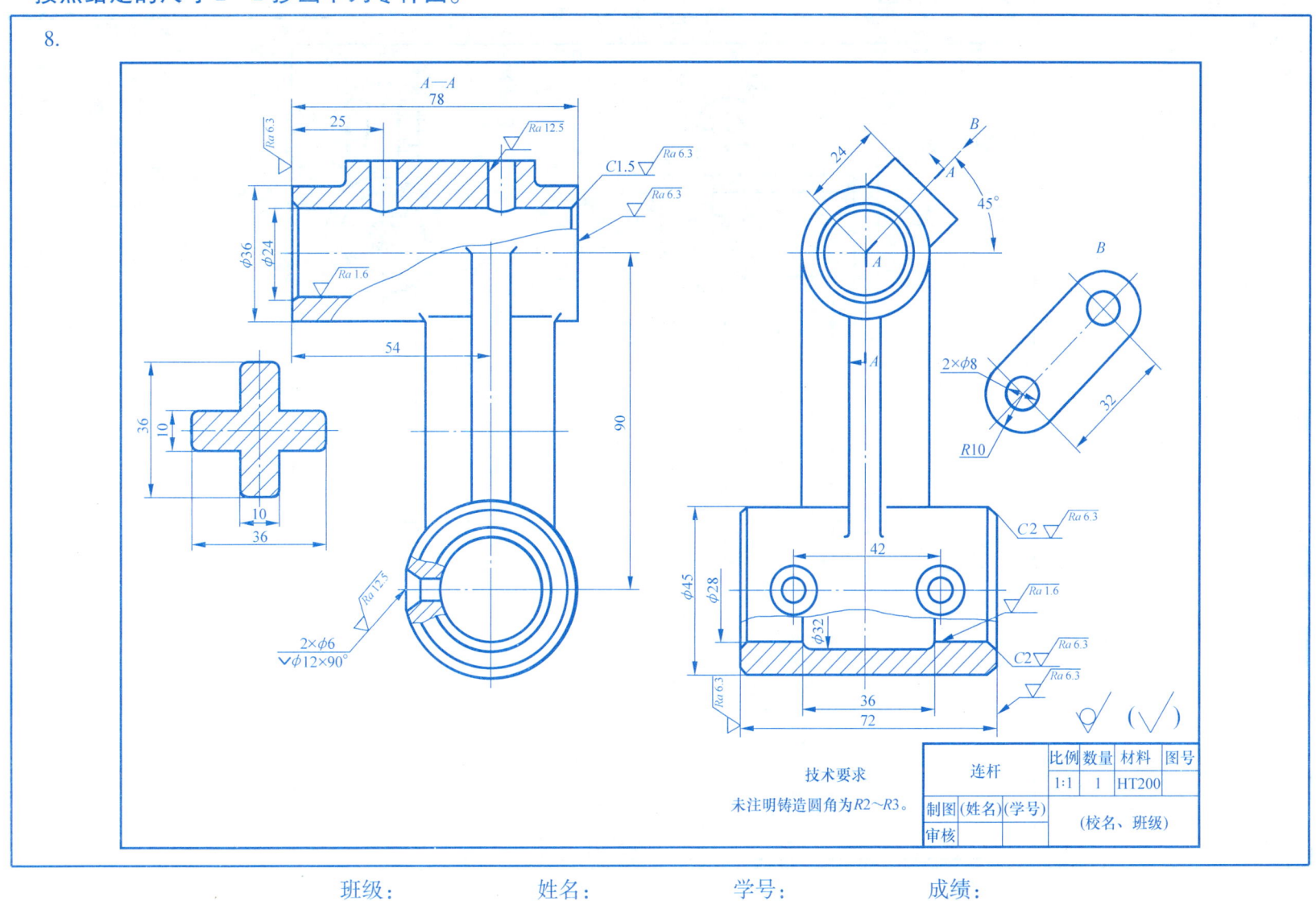

按照给定的尺寸 1∶1 抄画下列零件图。

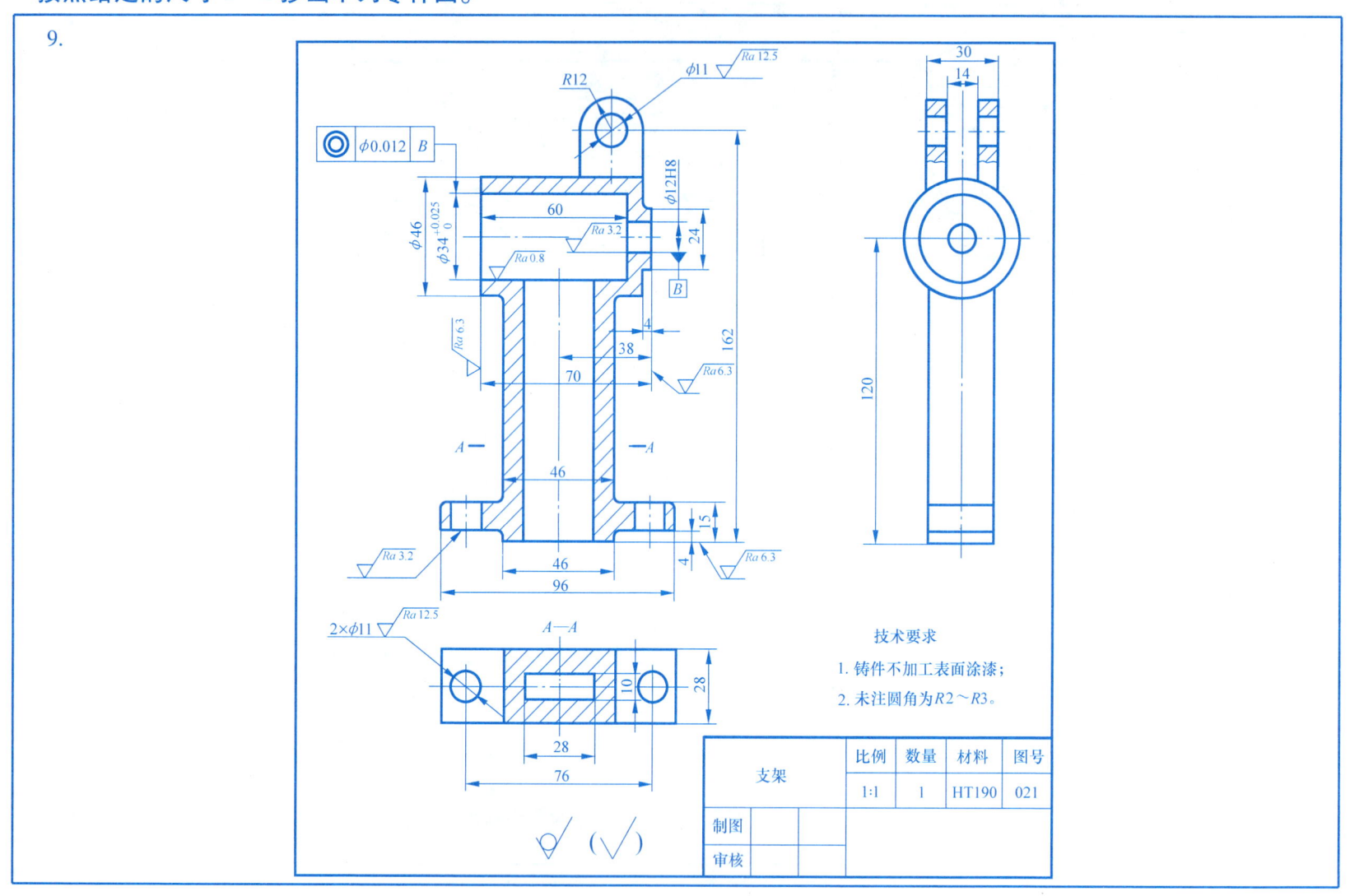

按照给定的尺寸 1∶1 抄画下列零件图。

9.

按照给定的尺寸 1∶1 抄画下列零件图。

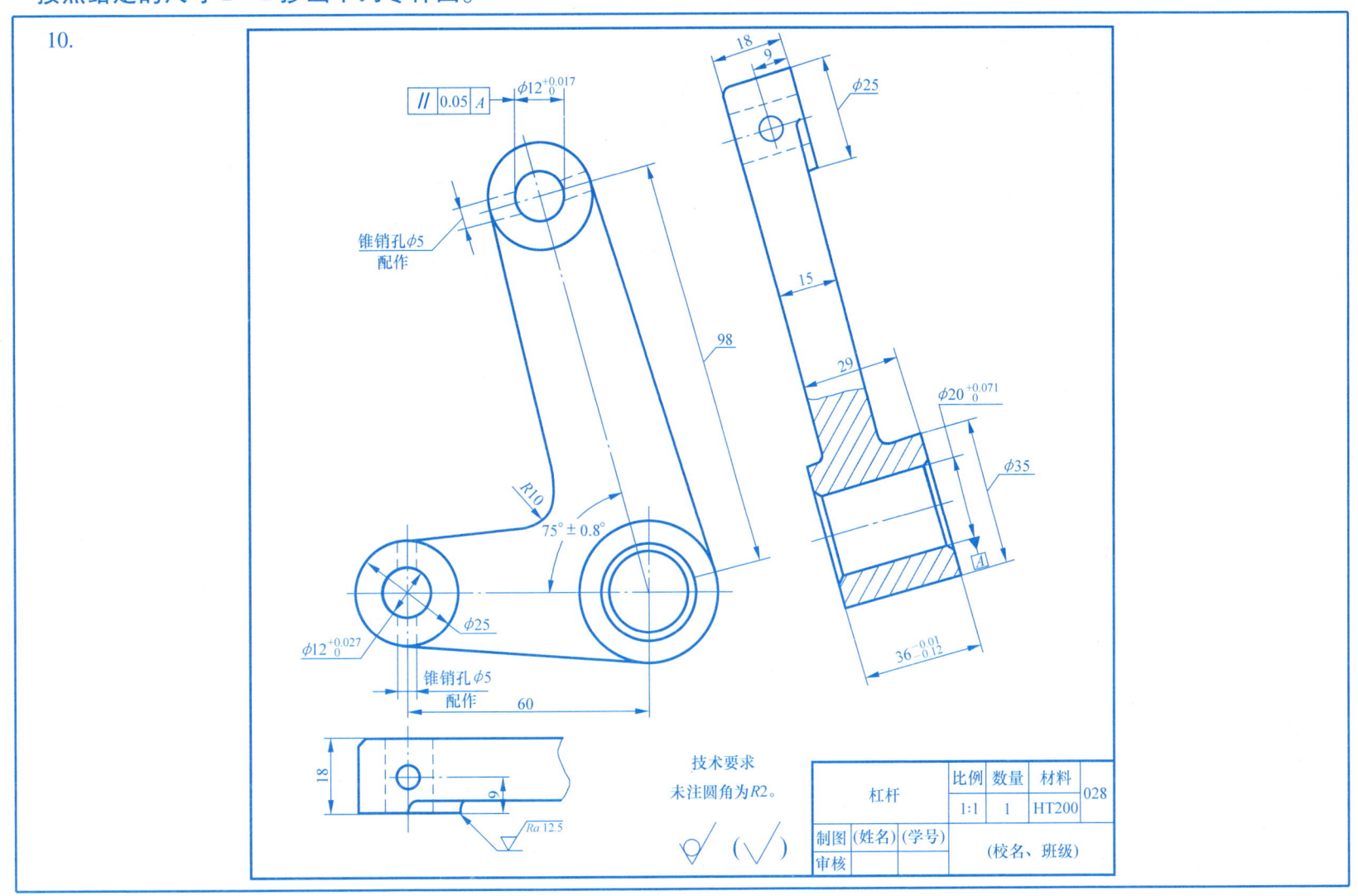

项目十一　箱体零件图的绘制

按照给定的尺寸 1∶1 抄画下列箱体类零件图。

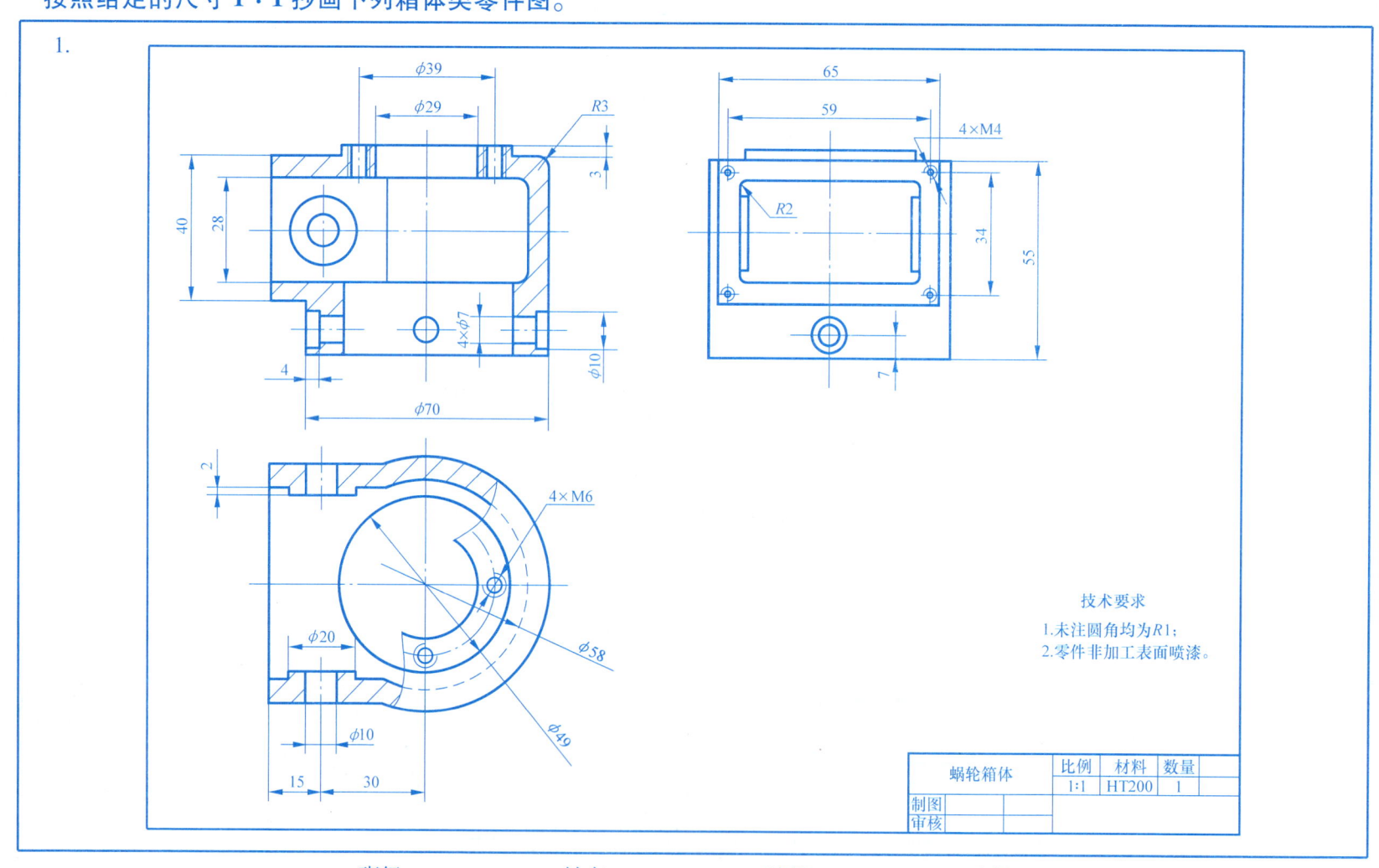

1.

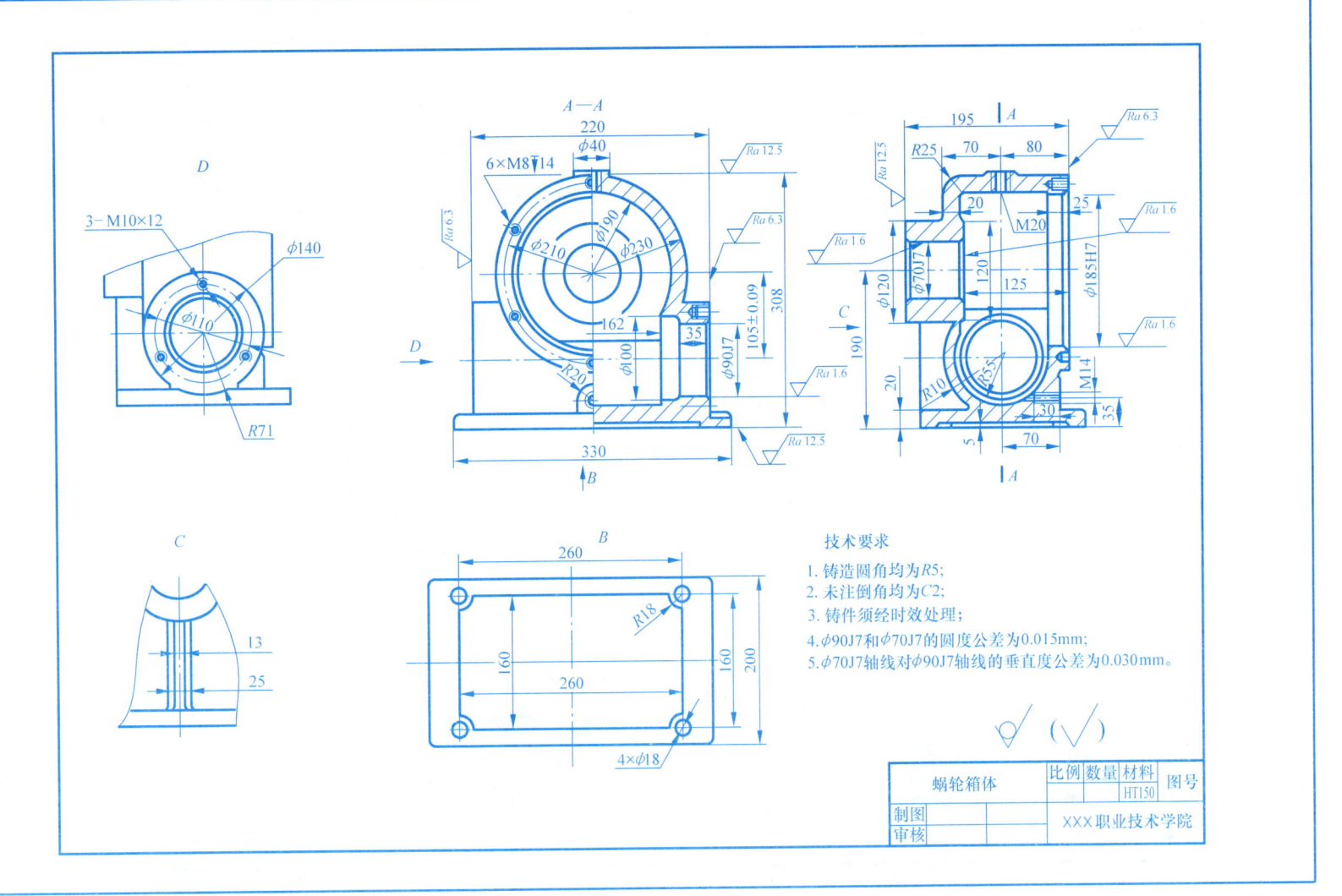

按照给定的尺寸 1∶1 抄画下列箱体类零件图。

2.

技术要求
1. 铸造圆角均为R5；
2. 未注倒角均为C2；
3. 铸件须经时效处理；
4. φ90J7和φ70J7的圆度公差为0.015mm；
5. φ70J7轴线对φ90J7轴线的垂直度公差为0.030mm。

蜗轮箱体　材料 HT150　×××职业技术学院

按照给定的尺寸 1:1 抄画下列箱体类零件图。

按照给定的尺寸 1∶1 抄画下列箱体类零件图。

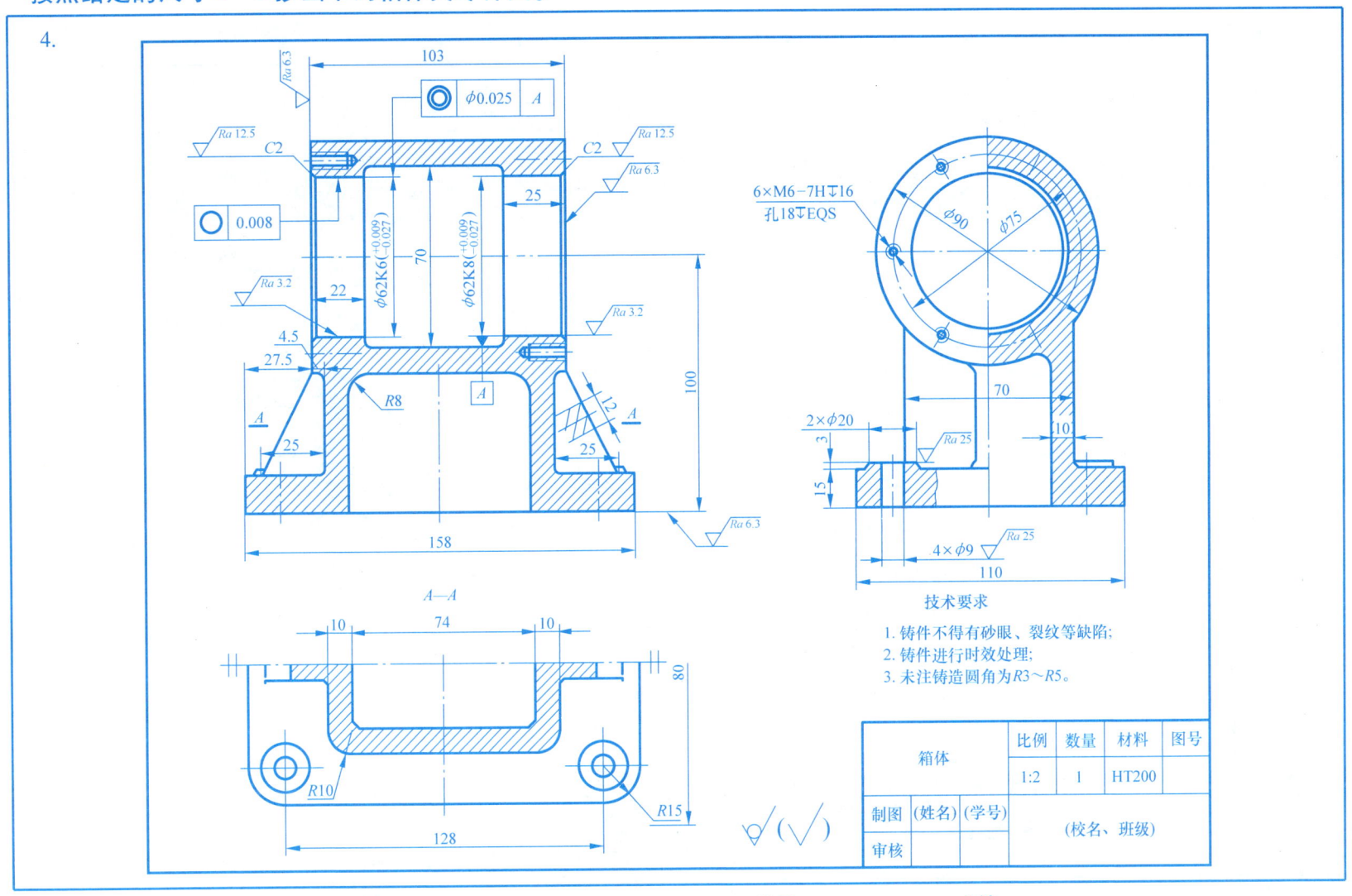

项目十二　三　维　绘　图

按照给定的尺寸 1∶1 绘制下列组合体的正等轴测图。

1.

2.

按照给定的尺寸 1∶1 绘制下列组合体的正等轴测图。

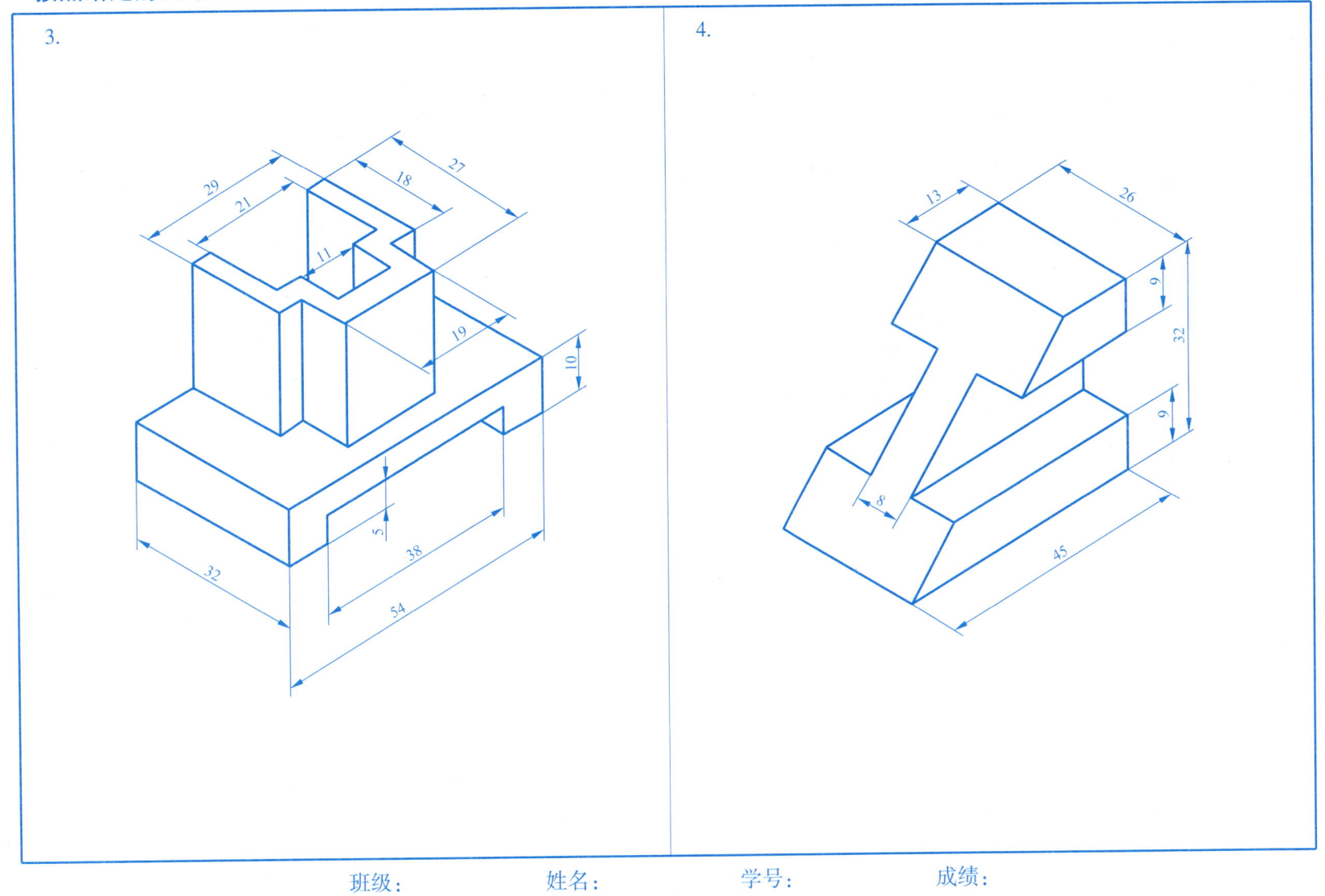

3.

4.

按照给定的尺寸 1∶1 绘制下列组合体的正等轴测图。

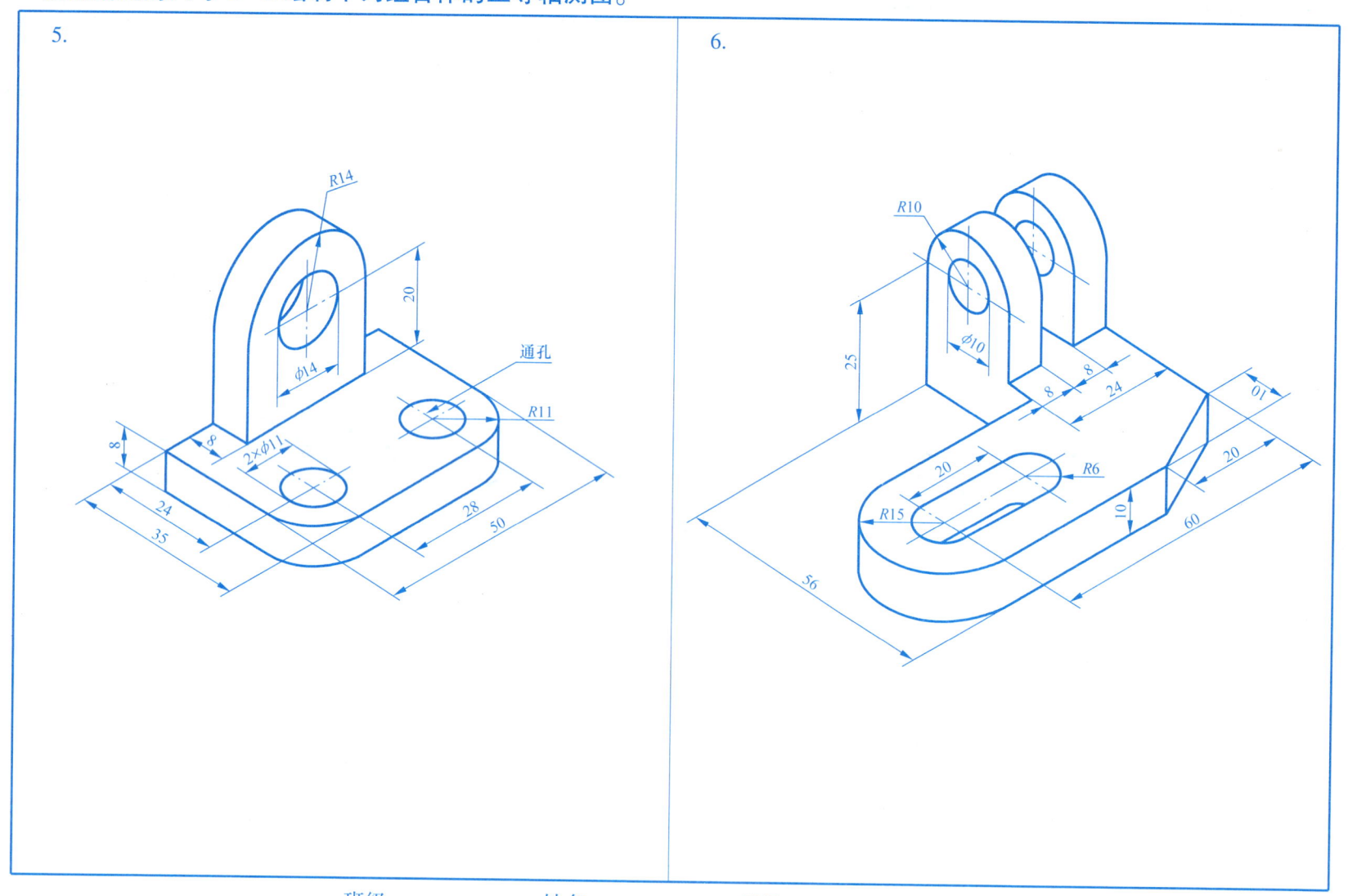

5.

6.

按照给定的尺寸 1∶1 绘制下列组合体的正等轴测图。

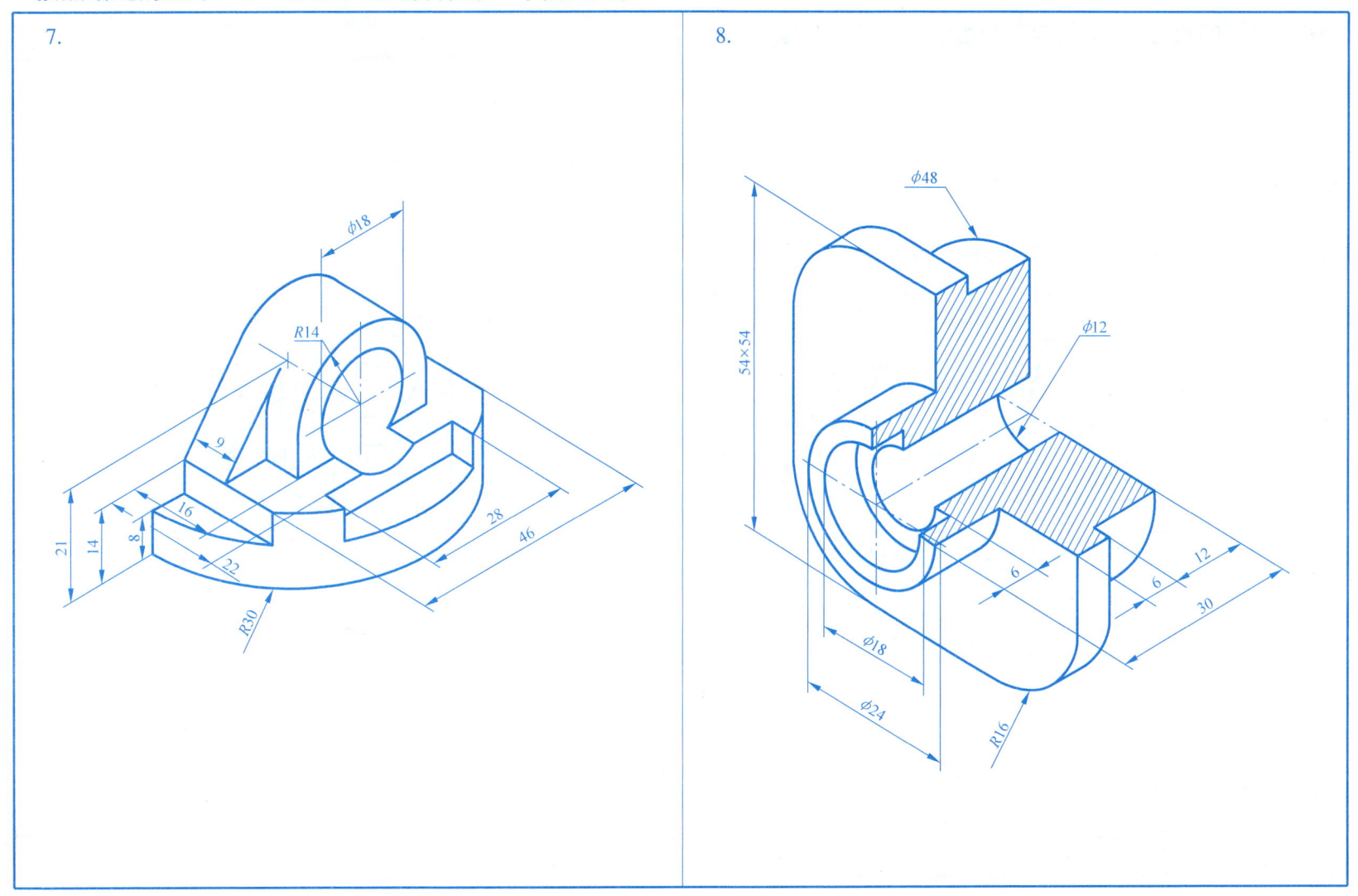

7.

8.

项目十三　复杂组合体三维建模

按照给定的尺寸 1∶1 绘制下列组合体的三维模型。

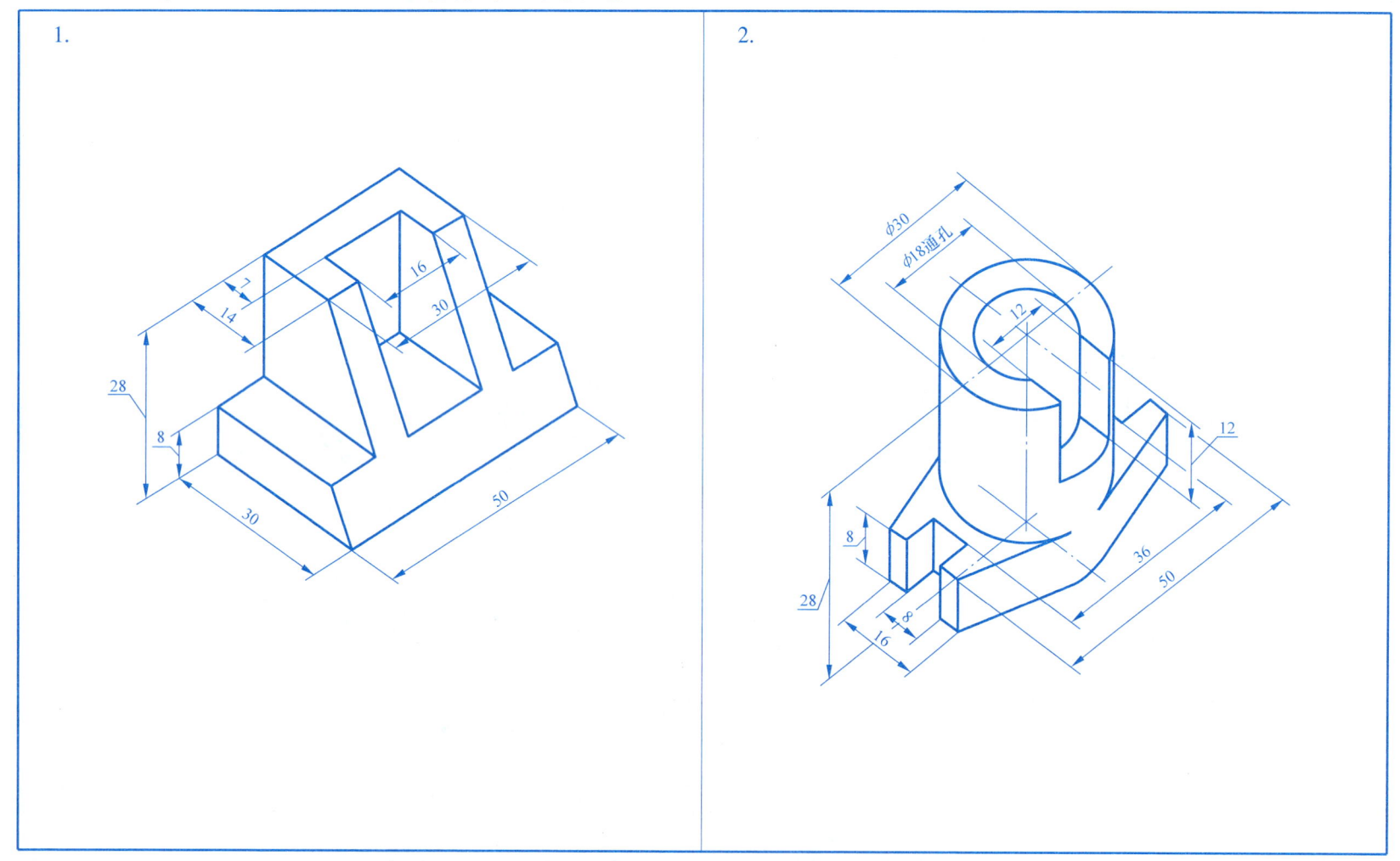

1.

2.

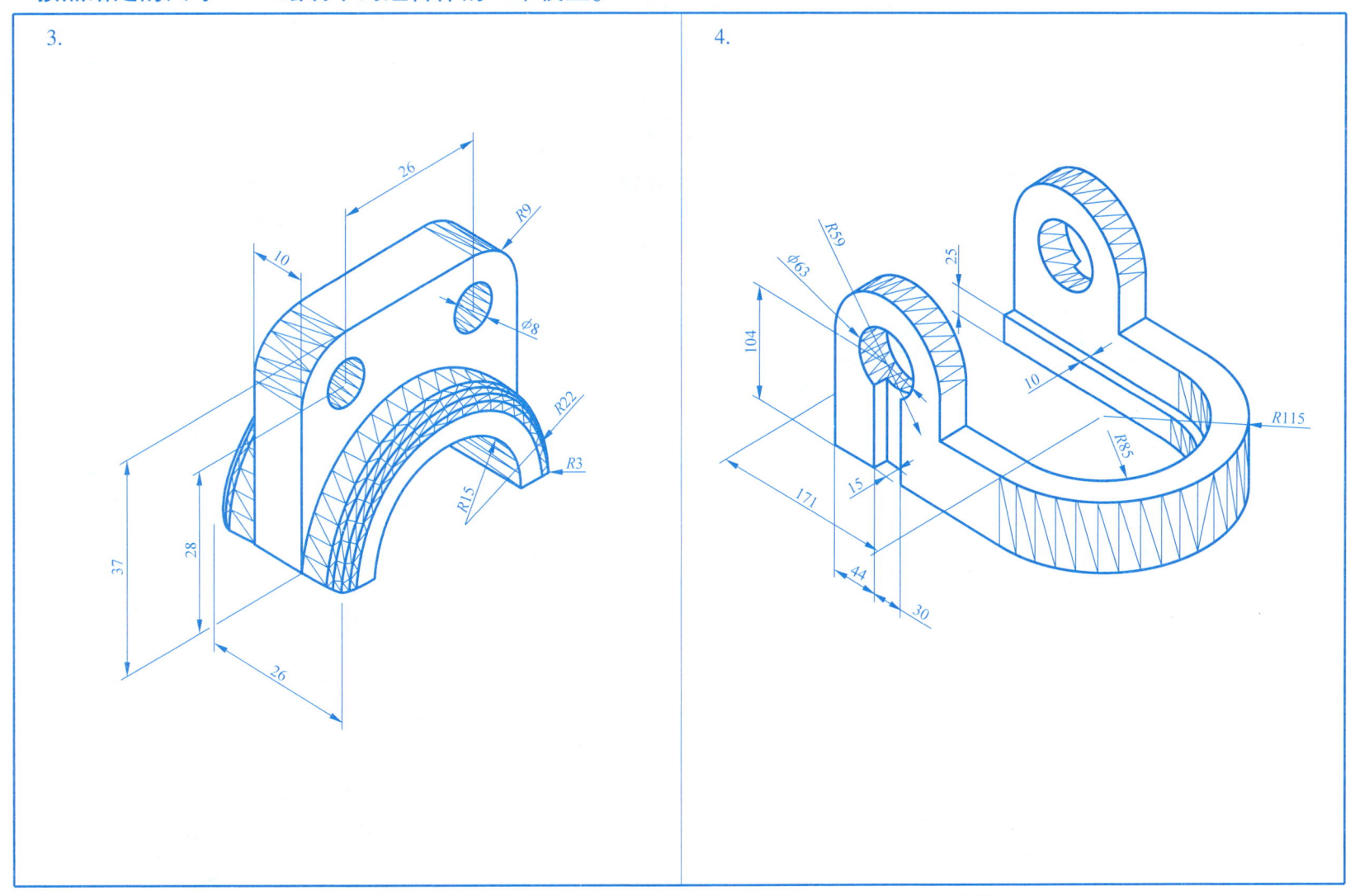

按照给定的尺寸 1 : 1 绘制下列组合体的三维模型。

3.

4.

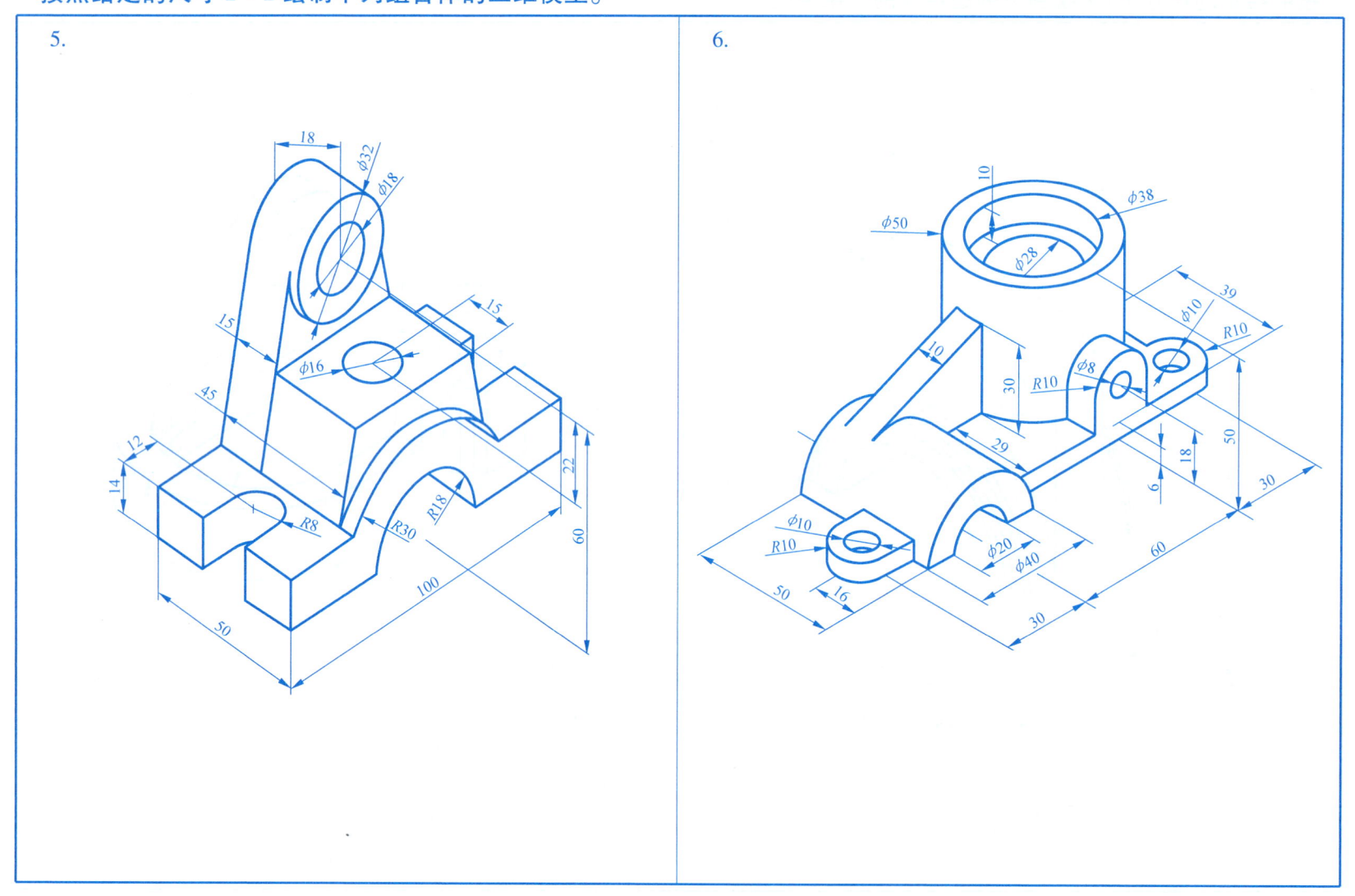

按照给定的尺寸 1∶1 绘制下列组合体的三维模型。

5.

6.

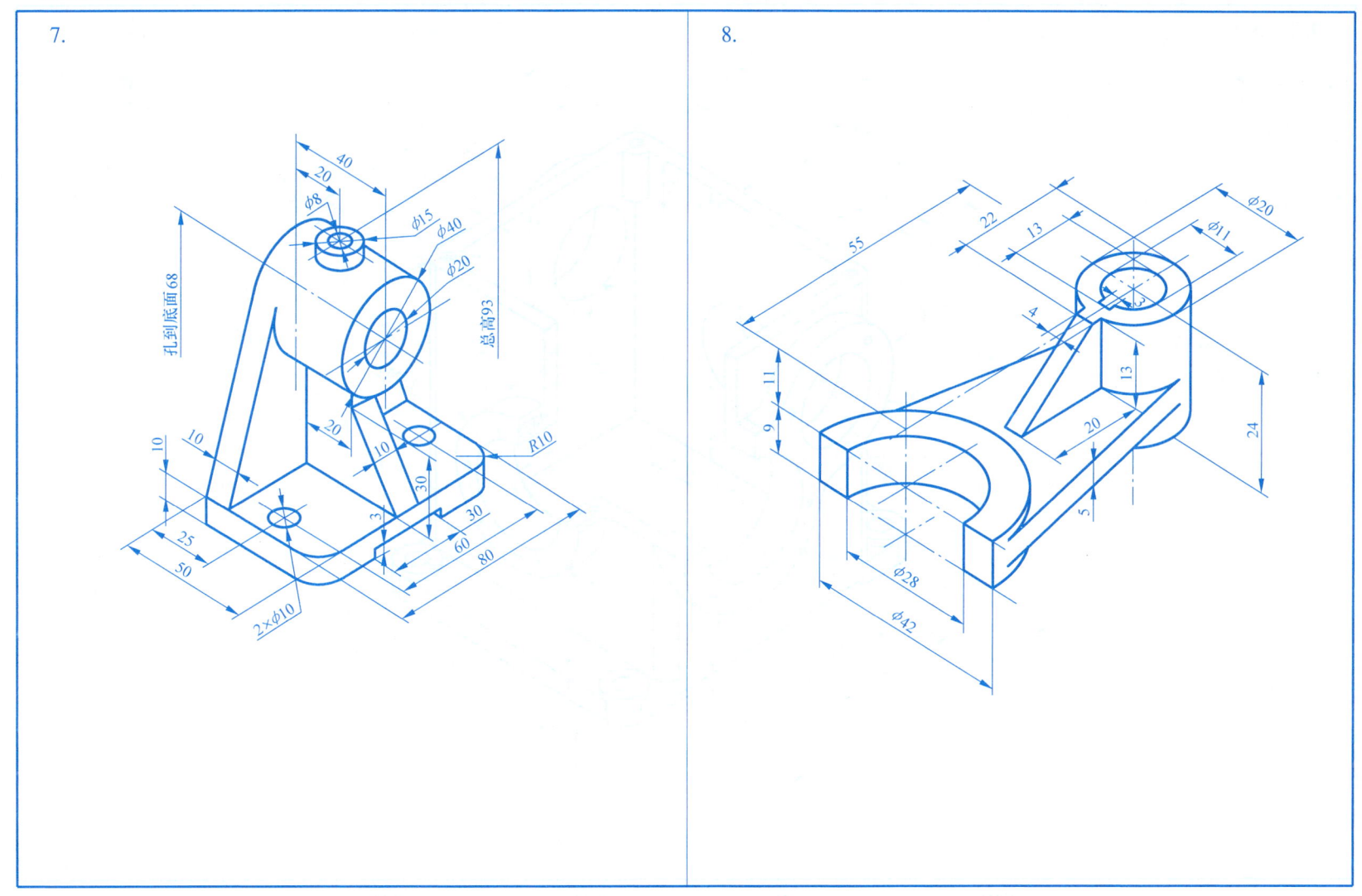

按照给定的尺寸 1∶1 绘制下列组合体的三维模型。

7.

8.

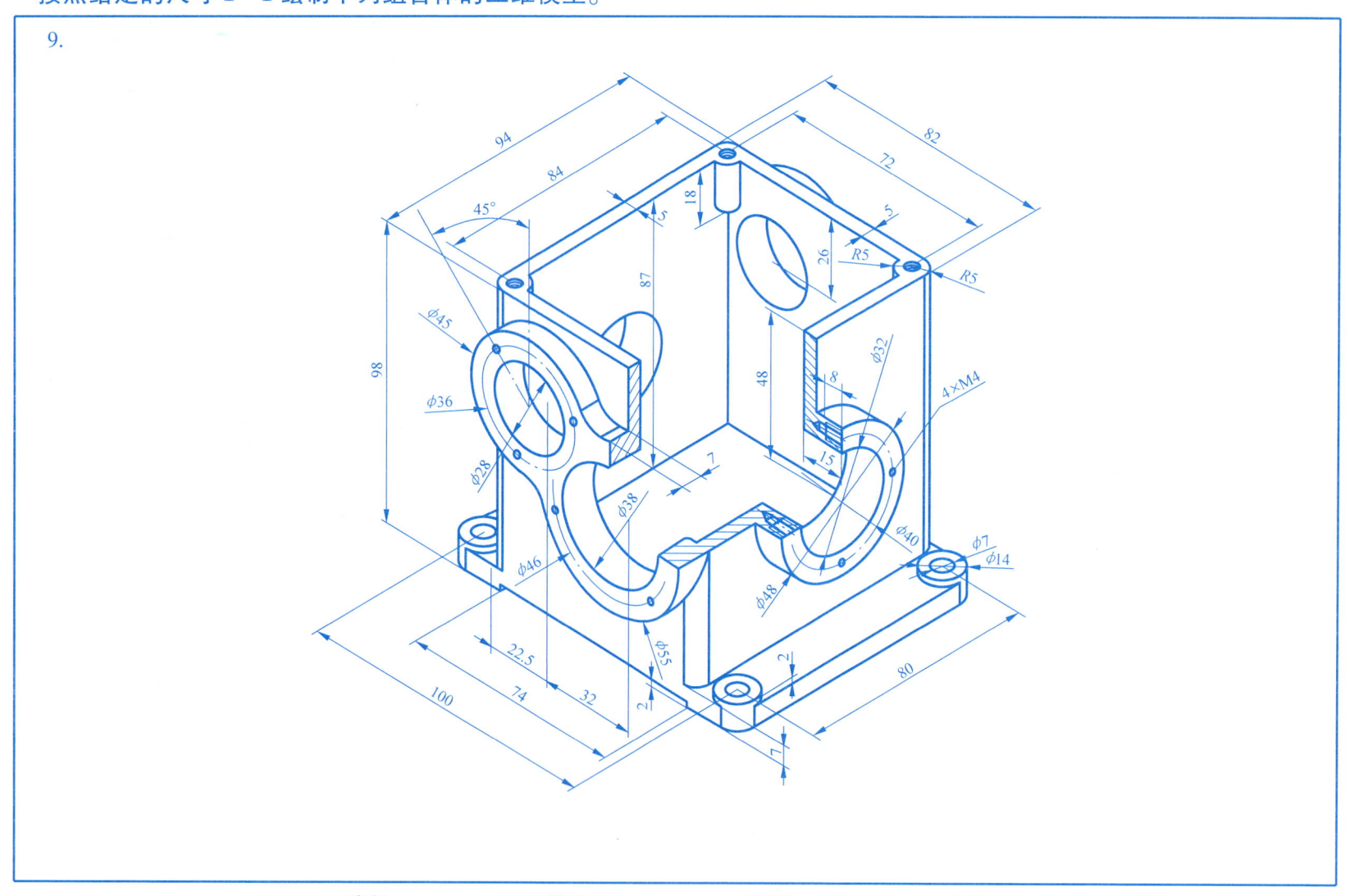

按照给定的尺寸 1∶1 绘制下列组合体的三维模型。

9.

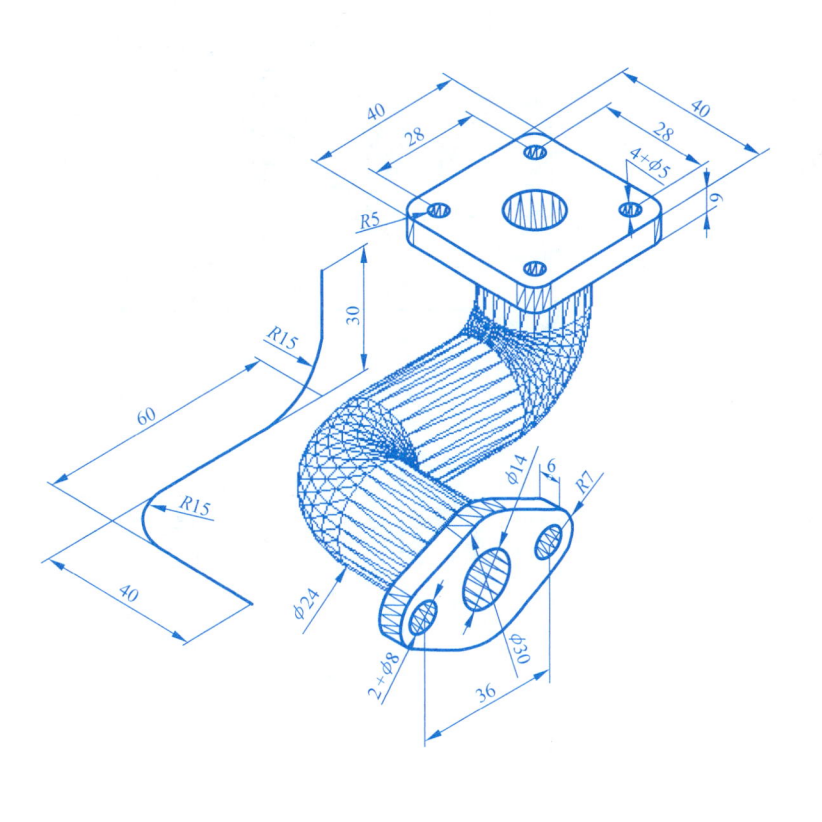

按照给定的尺寸 **1：1** 绘制下列组合体的三维模型。

10.

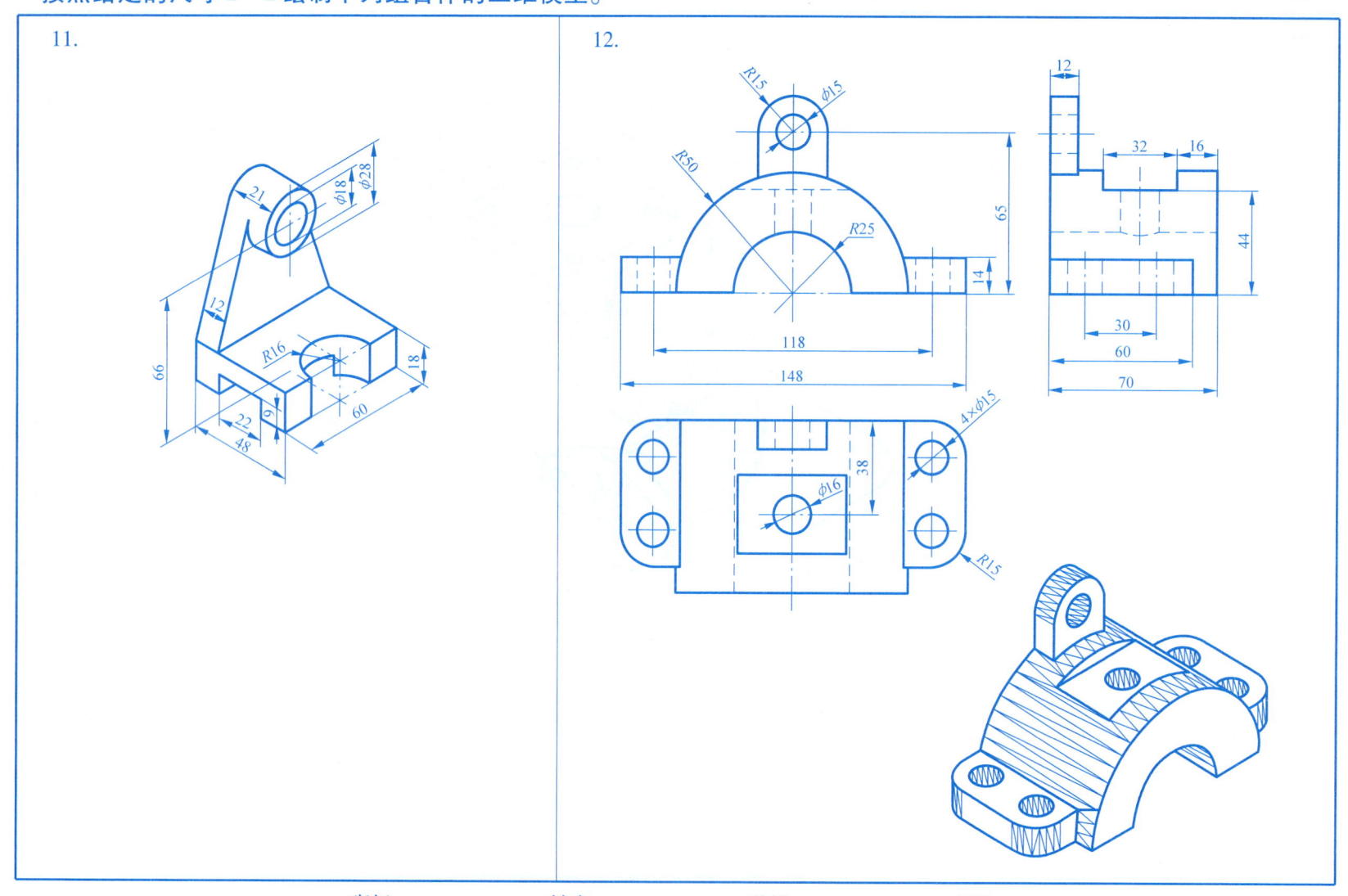

按照给定的尺寸 1∶1 绘制下列组合体的三维模型。

11.

12.

项目十四　根据零件图绘制机械装配图

一、根据低速滑轮装置的零件图拼装完成其装配图。

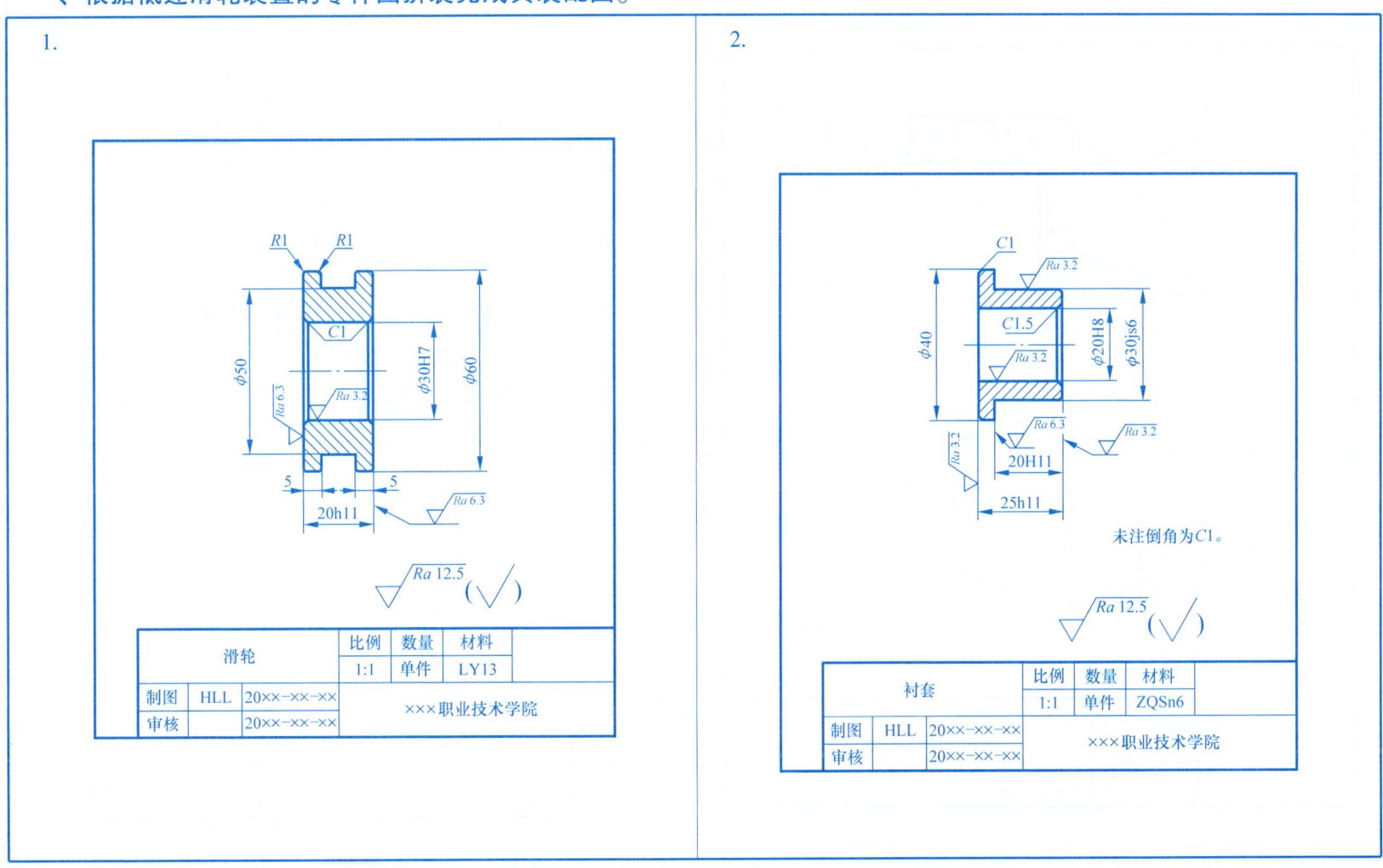

1.

滑轮	比例	数量	材料
	1:1	单件	LY13
制图	HLL	20××-××-××	×××职业技术学院
审核		20××-××-××	

2.

未注倒角为C1。

衬套	比例	数量	材料
	1:1	单件	ZQSn6
制图	HLL	20××-××-××	×××职业技术学院
审核		20××-××-××	

班级：　　　姓名：　　　学号：　　　成绩：

— 83 —

一、根据低速滑轮装置的零件图拼装完成其装配图。

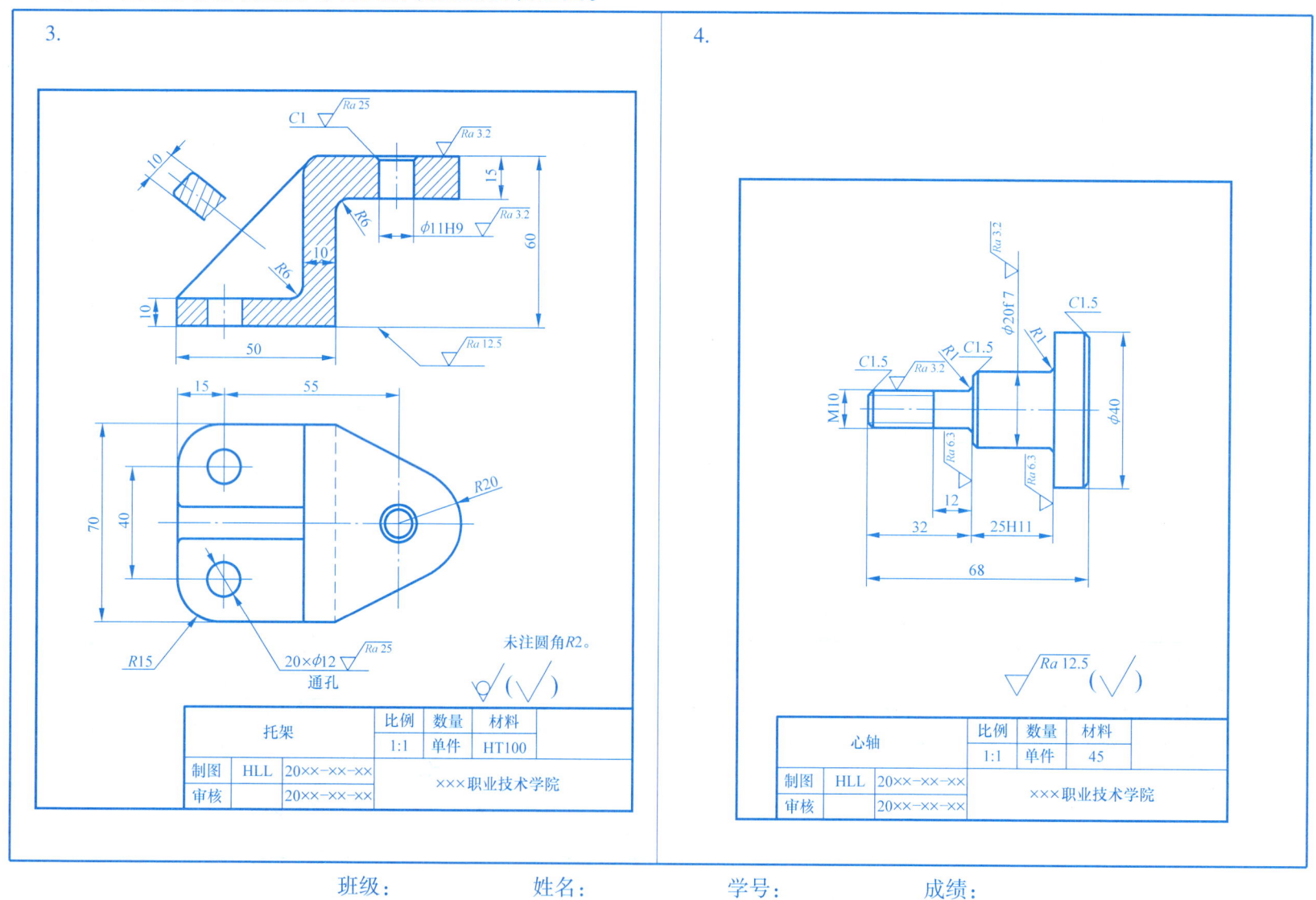

3.

托架 — 比例 1:1，单件，材料 HT100
未注圆角R2。
制图 HLL 20××-××-××
审核 20××-××-××
×××职业技术学院

4.

心轴 — 比例 1:1，单件，材料 45
制图 HLL 20××-××-××
审核 20××-××-××
×××职业技术学院

一、根据低速滑轮装置的零件图拼装完成其装配图。

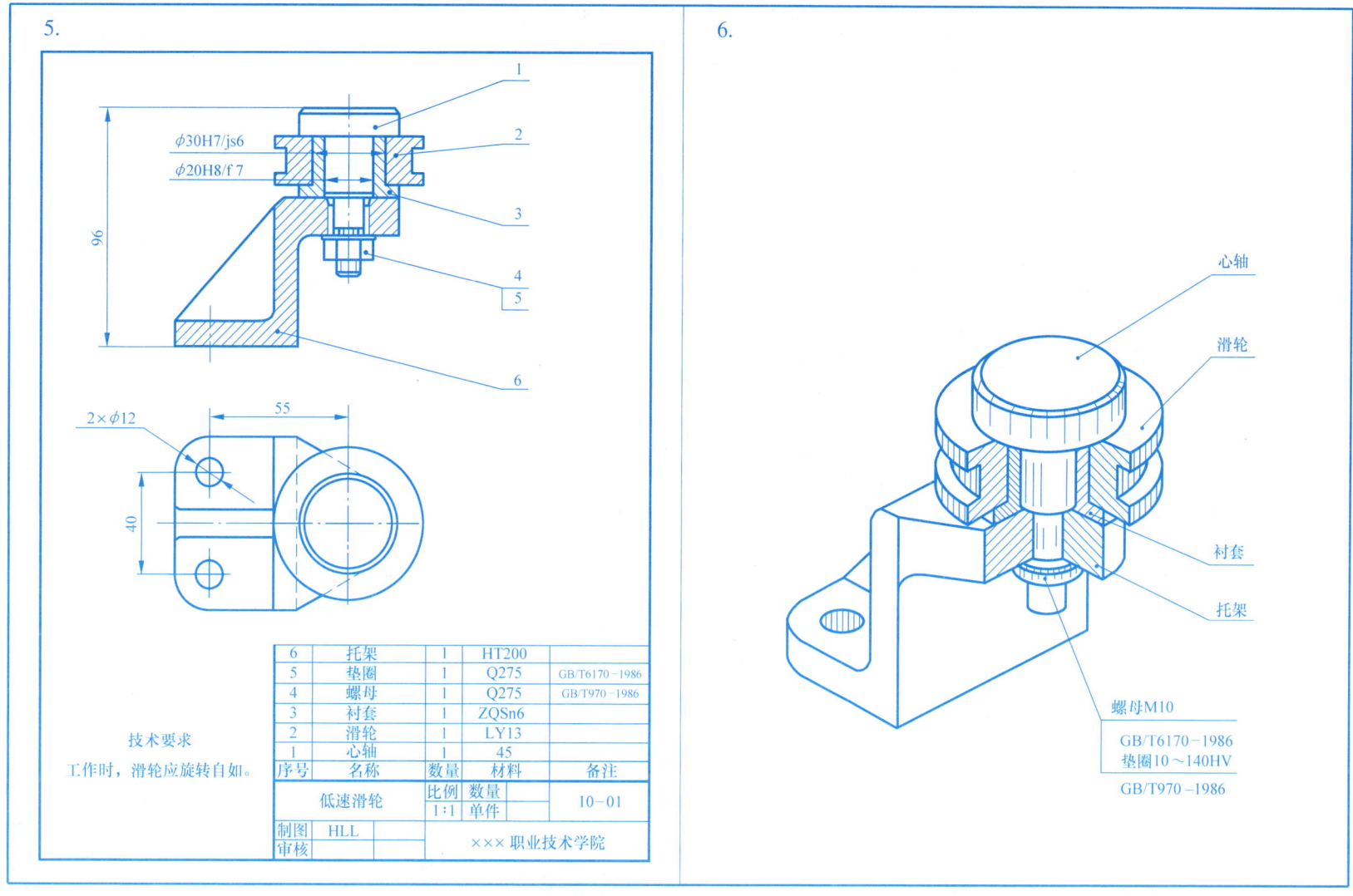

5.

$\phi30H7/js6$
$\phi20H8/f7$
96
$2\times\phi12$
55
40

技术要求
工作时，滑轮应旋转自如。

6	托架	1	HT200	
5	垫圈	1	Q275	GB/T6170-1986
4	螺母	1	Q275	GB/T970-1986
3	衬套	1	ZQSn6	
2	滑轮	1	LY13	
1	心轴	1	45	
序号	名称	数量	材料	备注

低速滑轮	比例 1:1	数量 单件	10-01
制图	HLL		
审核		×××职业技术学院	

6.

心轴
滑轮
衬套
托架
螺母M10
GB/T6170-1986
垫圈10～140HV
GB/T970-1986

班级：　　　　姓名：　　　　学号：　　　　成绩：

二、根据千斤顶装置的零件图和 3D 装配效果图组装完成其装配图。

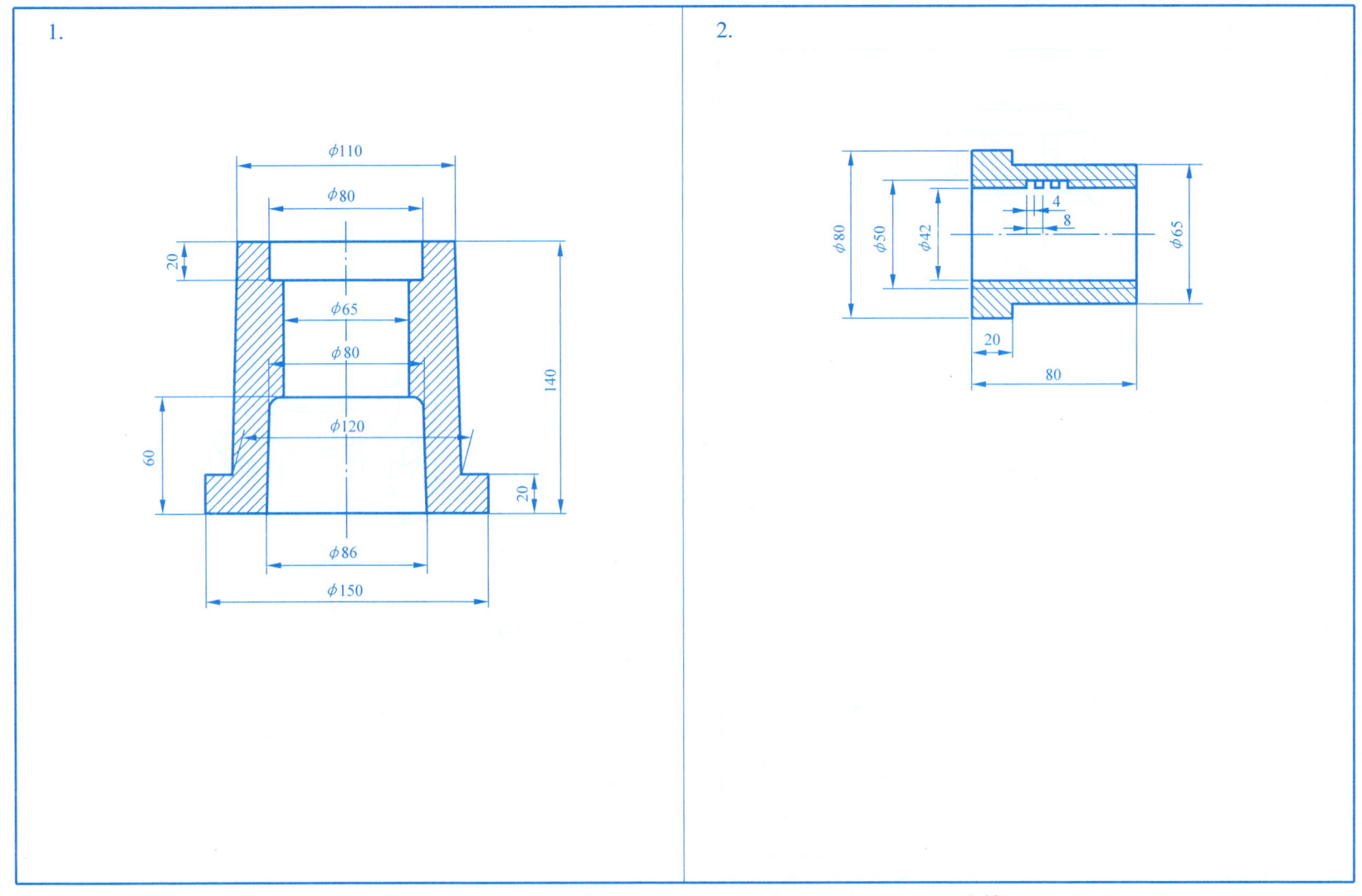

1.

2.

班级：　　　　姓名：　　　　学号：　　　　成绩：

二、根据千斤顶装置的零件图和 3D 装配效果图组装完成其装配图。

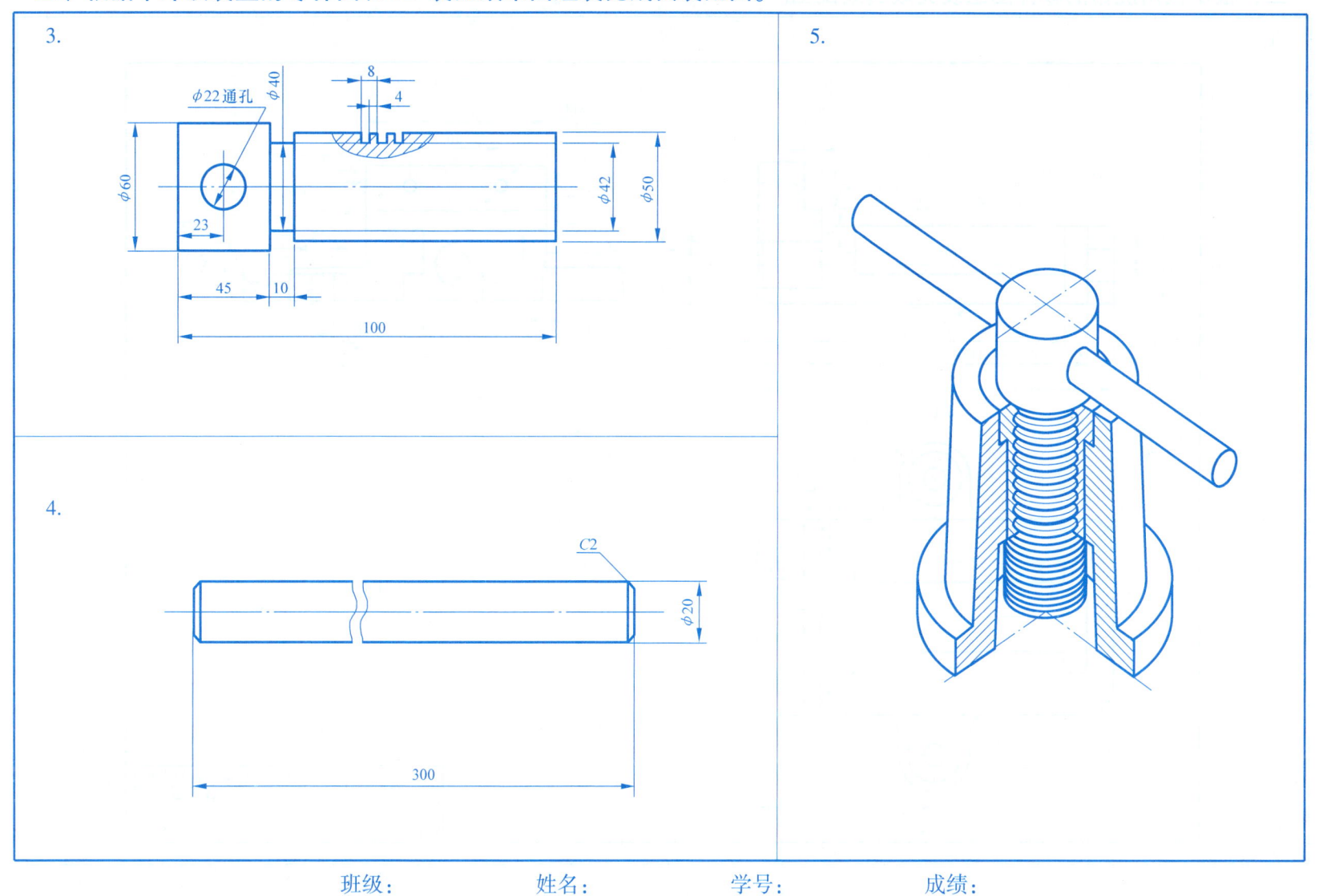

3.

φ22通孔　φ40　8　4
φ60　φ42　φ50
23　45　10　100

4.

C2　φ20　300

5.

— 87 —

班级：　　姓名：　　学号：　　成绩：

三、根据机用虎钳的零件图组装完成其装配图。

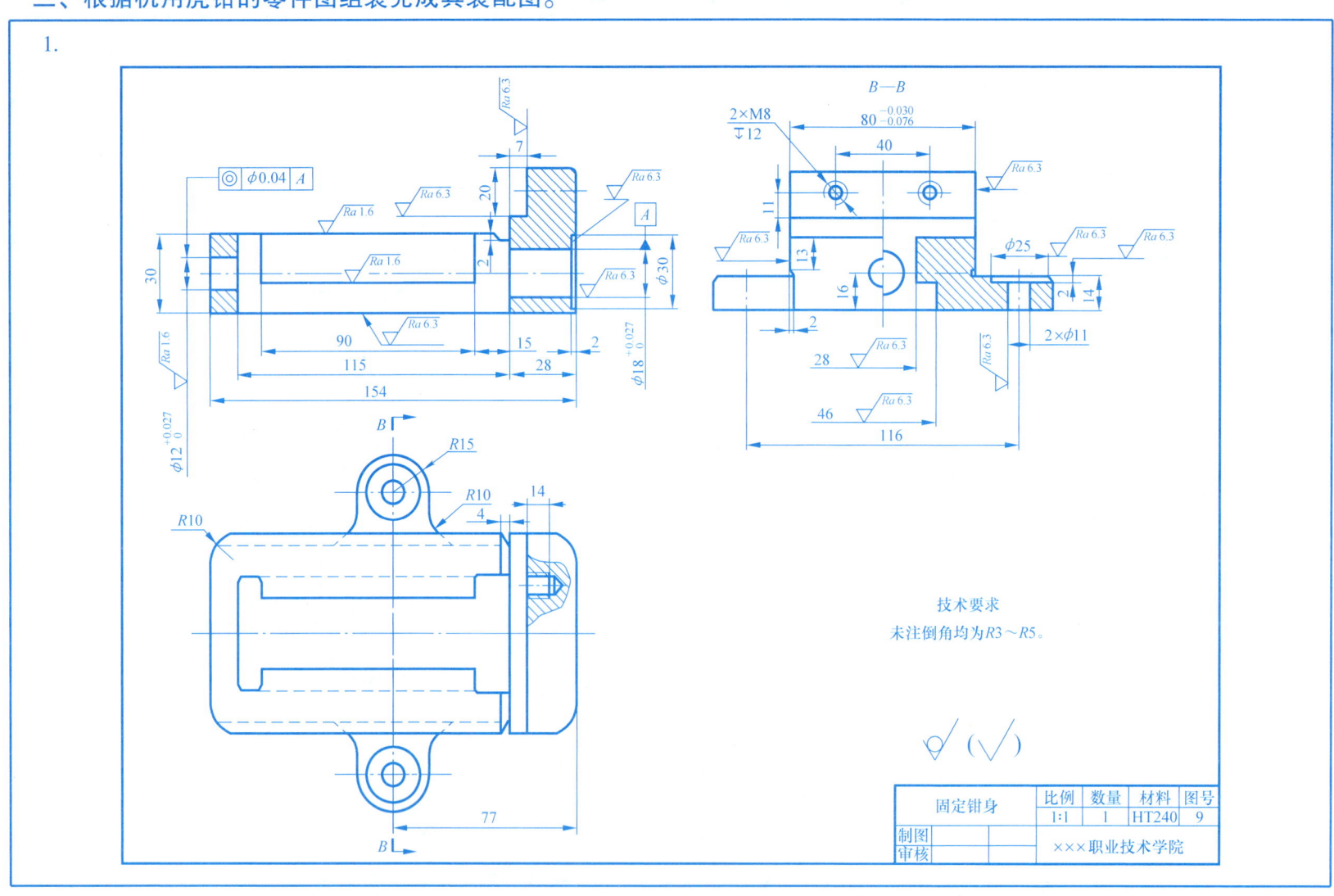

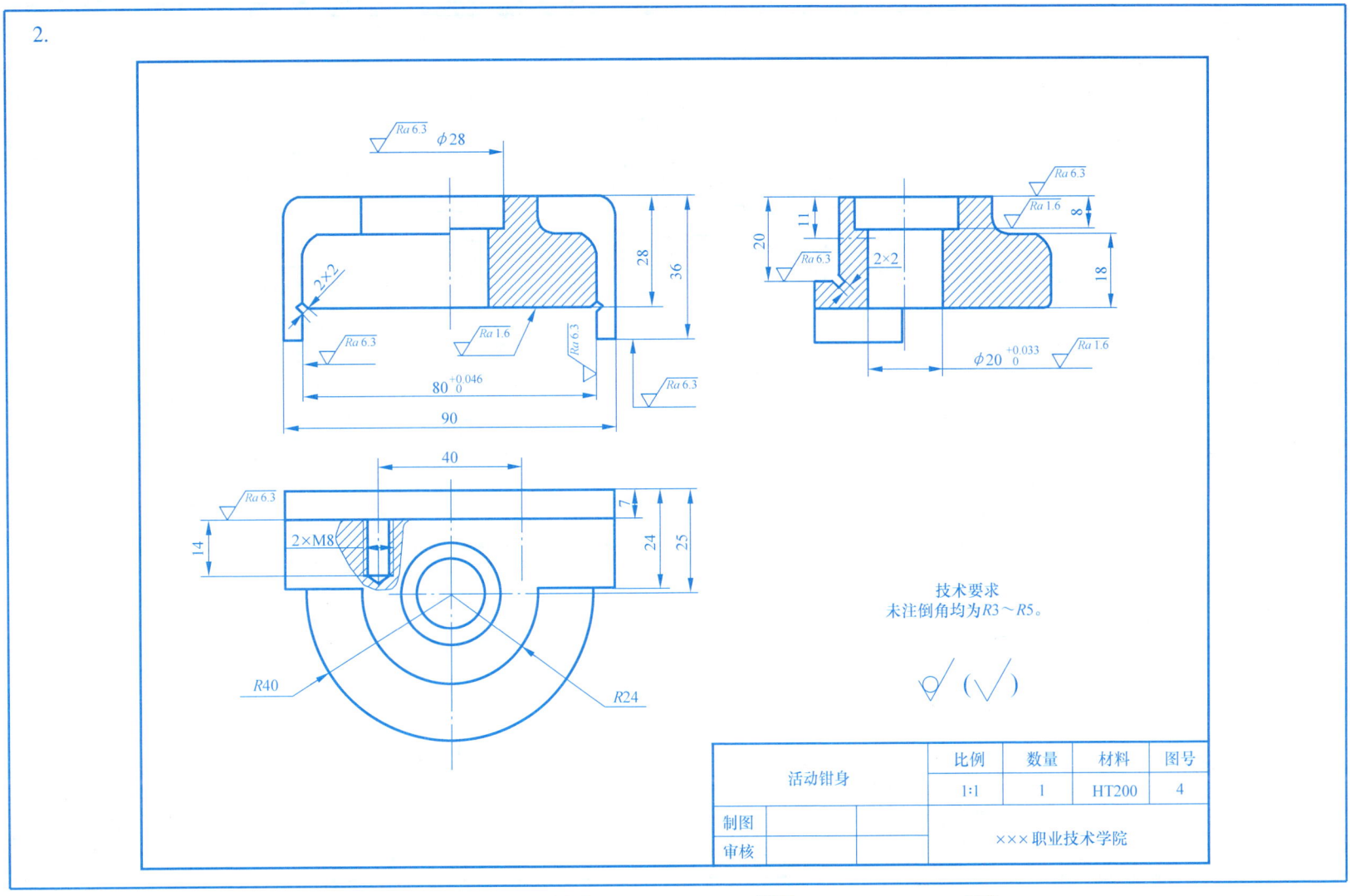

三、根据机用虎钳的零件图组装完成其装配图。

2.

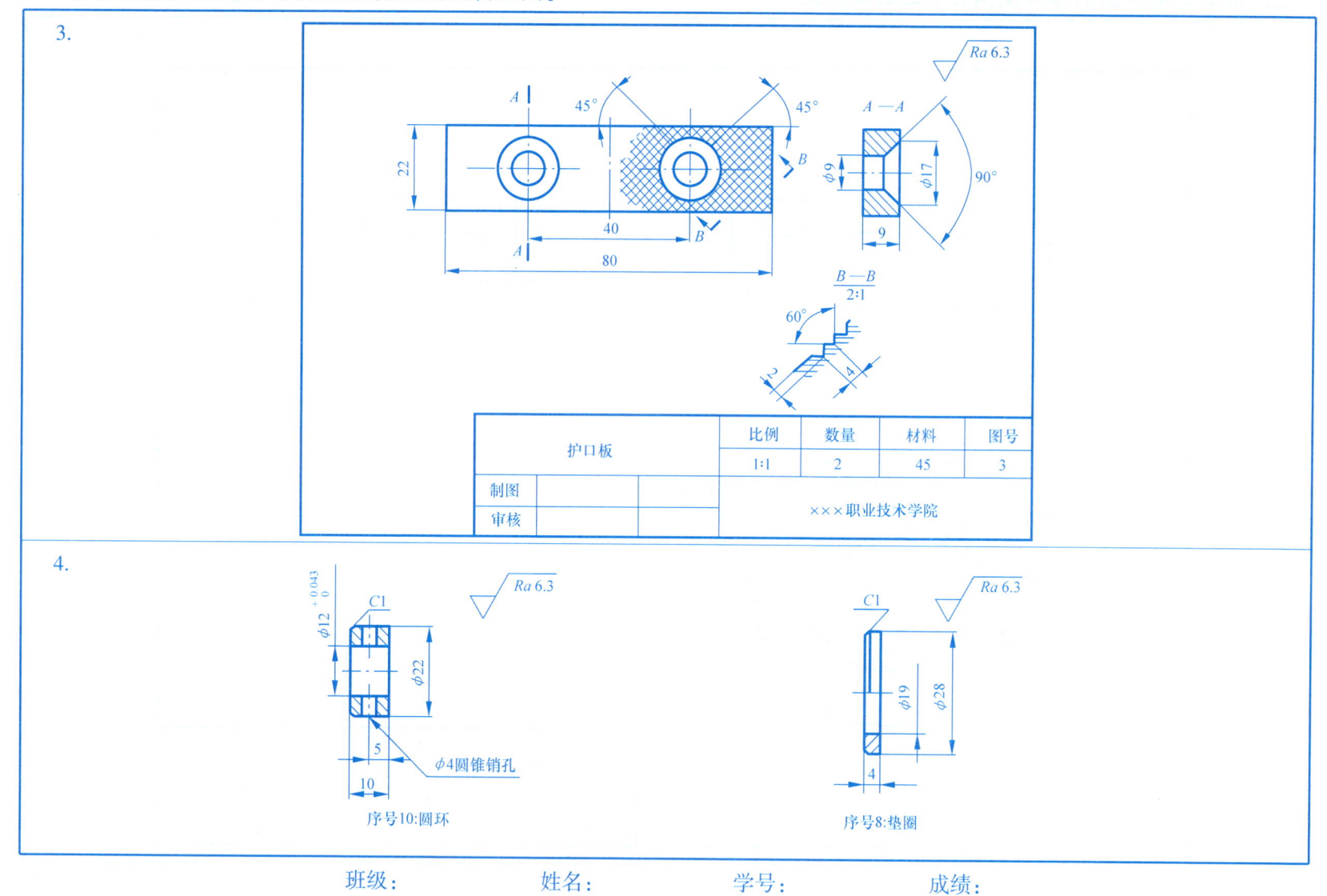

三、根据机用虎钳的零件图组装完成其装配图。

3.

护口板	比例	数量	材料	图号
	1:1	2	45	3
制图			×××职业技术学院	
审核				

4.

序号10:圆环

序号8:垫圈

班级：　　　姓名：　　　学号：　　　成绩：

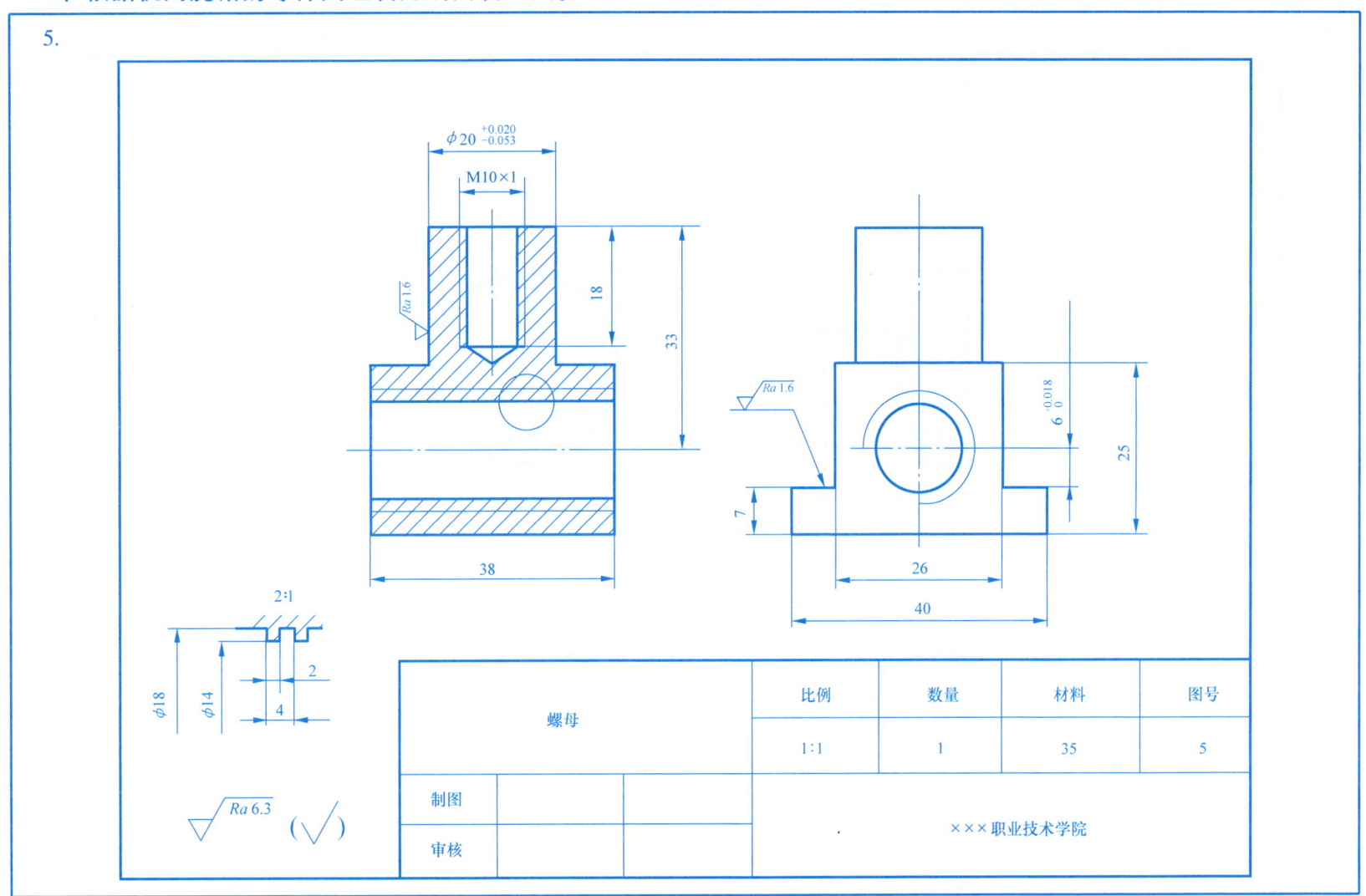

三、根据机用虎钳的零件图组装完成其装配图。

5.

	比例	数量	材料	图号
螺母	1:1	1	35	5
制图			×××职业技术学院	
审核				

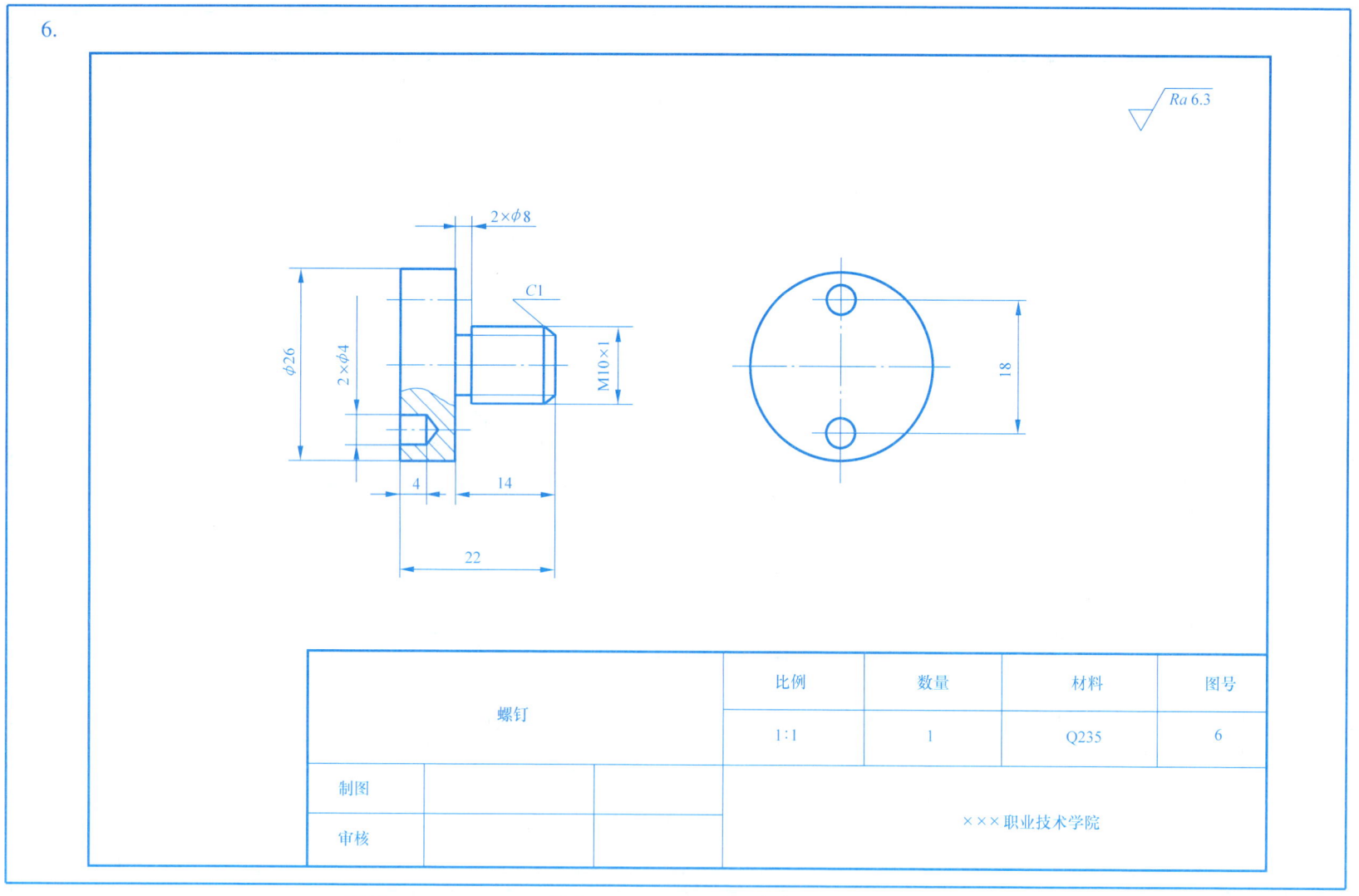

三、根据机用虎钳的零件图组装完成其装配图。

6.

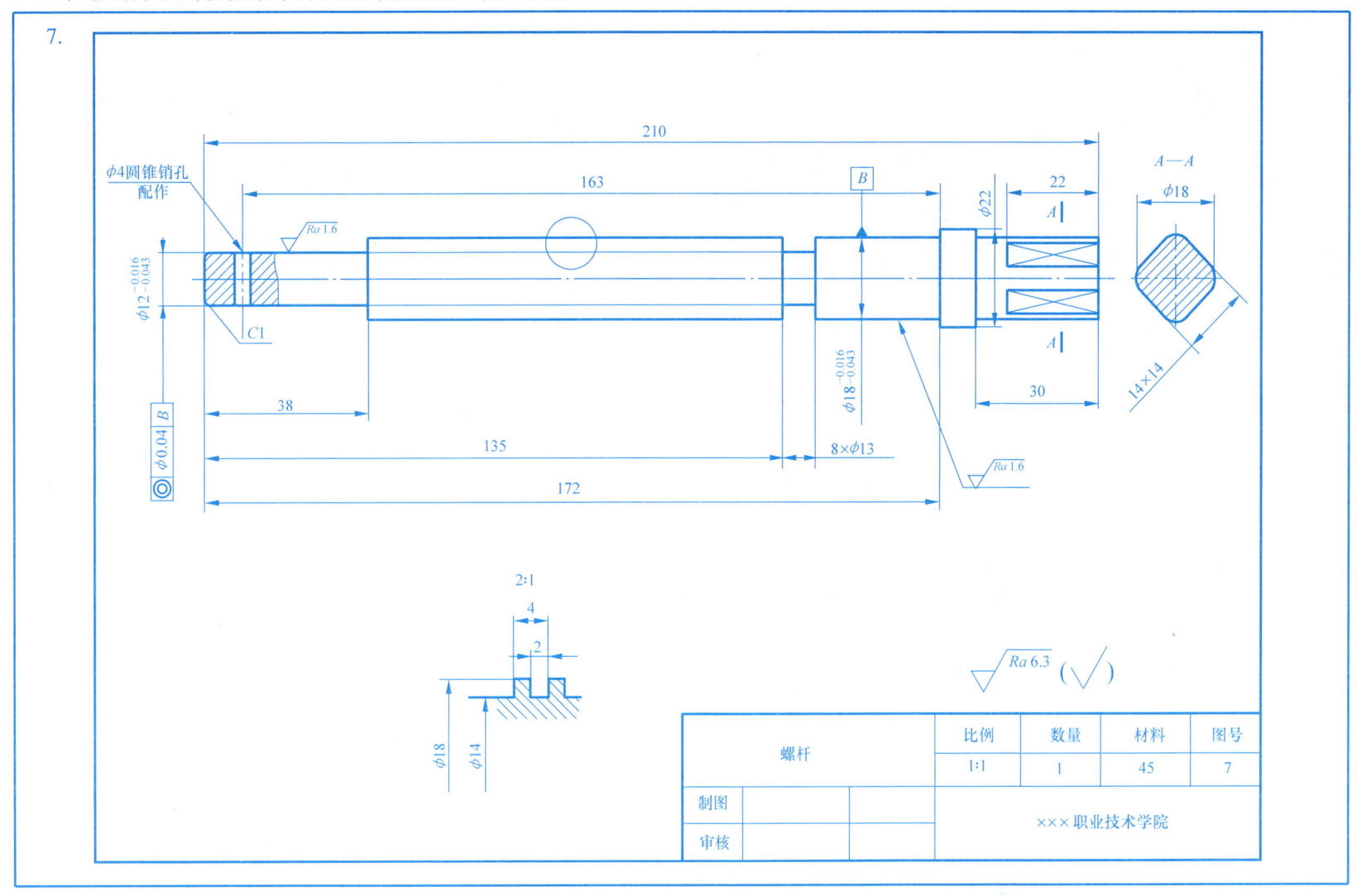

三、根据机用虎钳的零件图组装完成其装配图。

7.

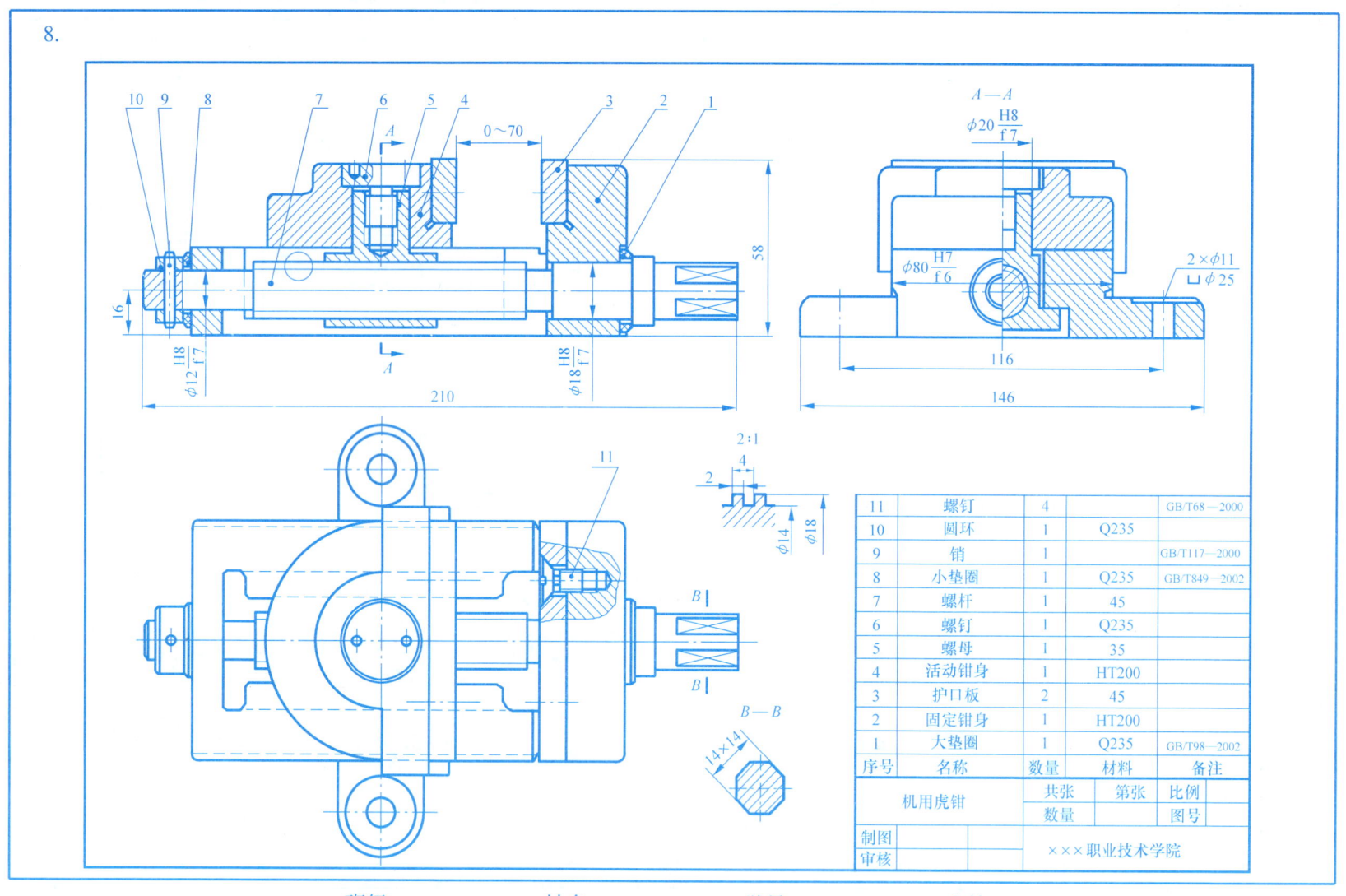

三、根据机用虎钳的零件图组装完成其装配图。

8.

四、机用虎钳 3D 装配图和装配示意图

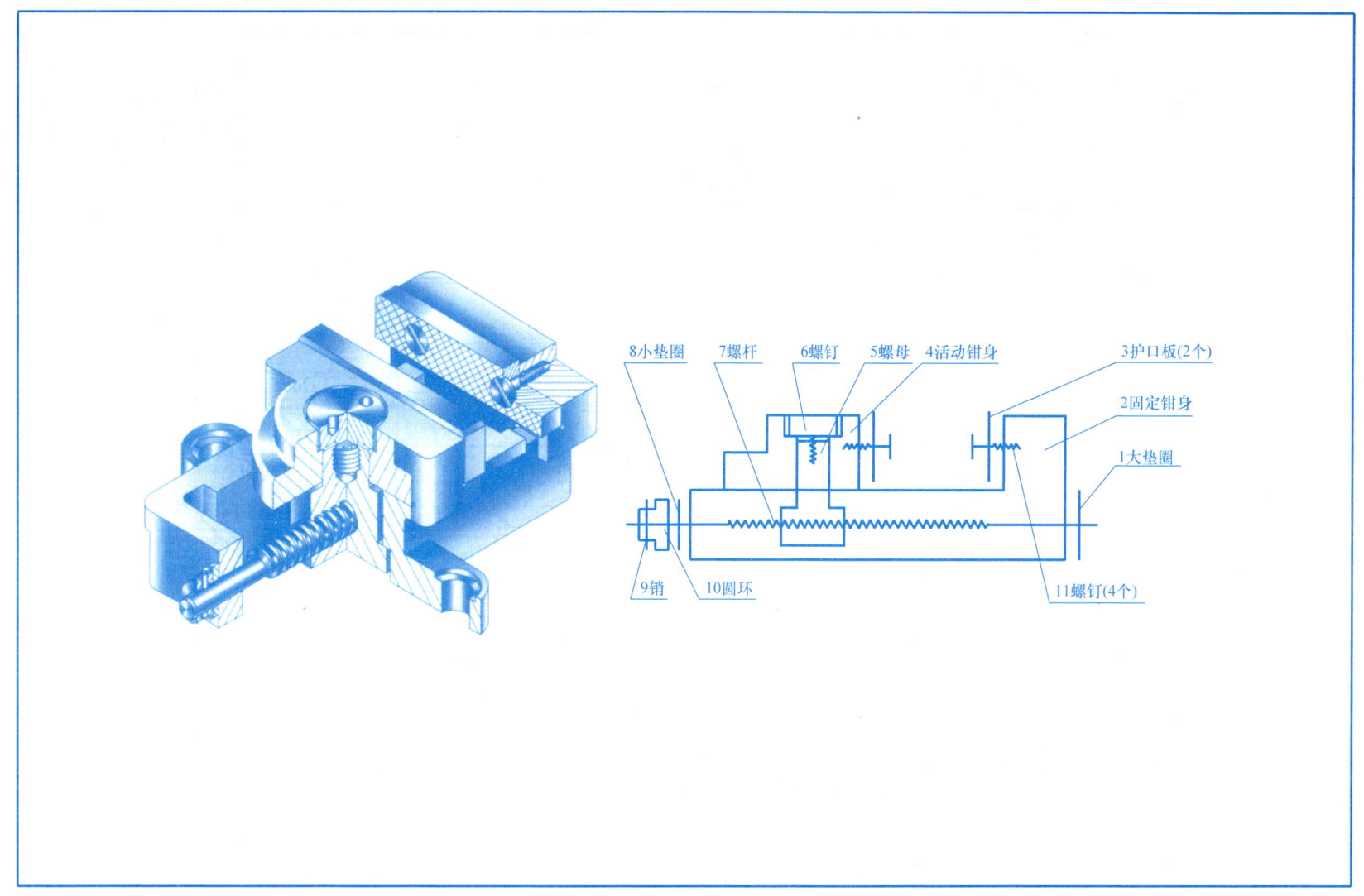

班级：　　　　姓名：　　　　学号：　　　　成绩：

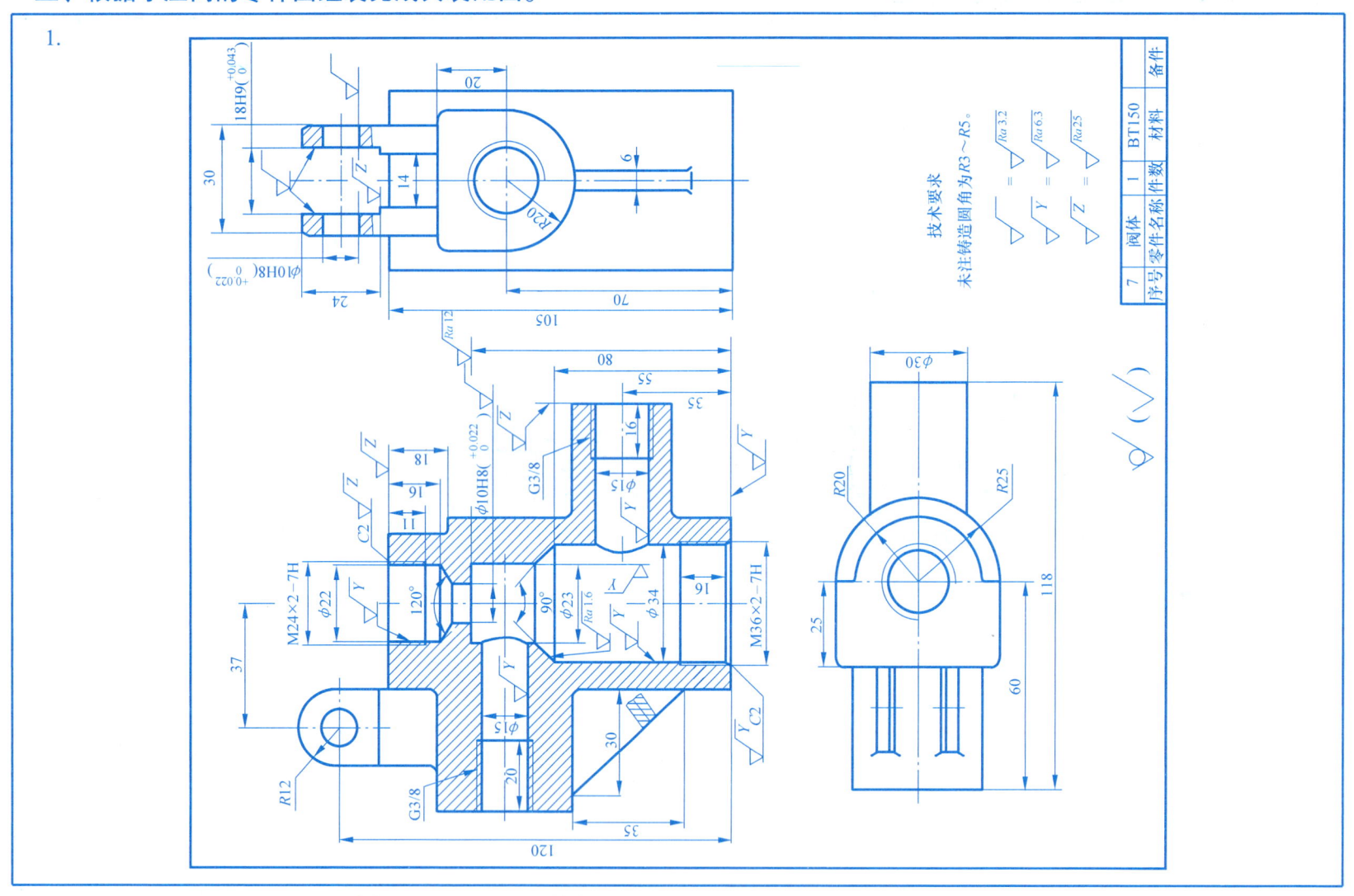

五、根据手压阀的零件图组装完成其装配图。

1.

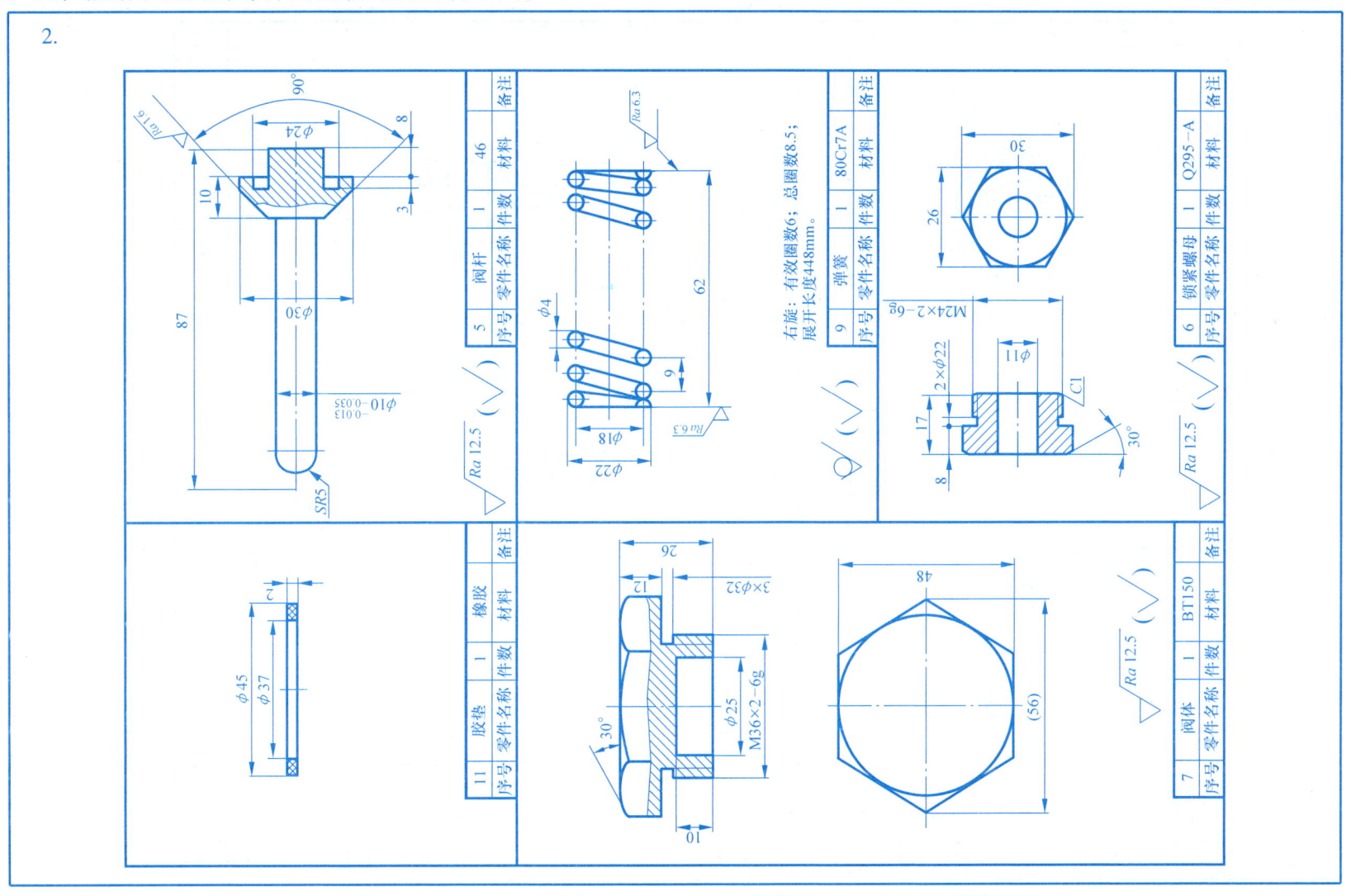

五、根据手压阀的零件图组装完成其装配图。

2.

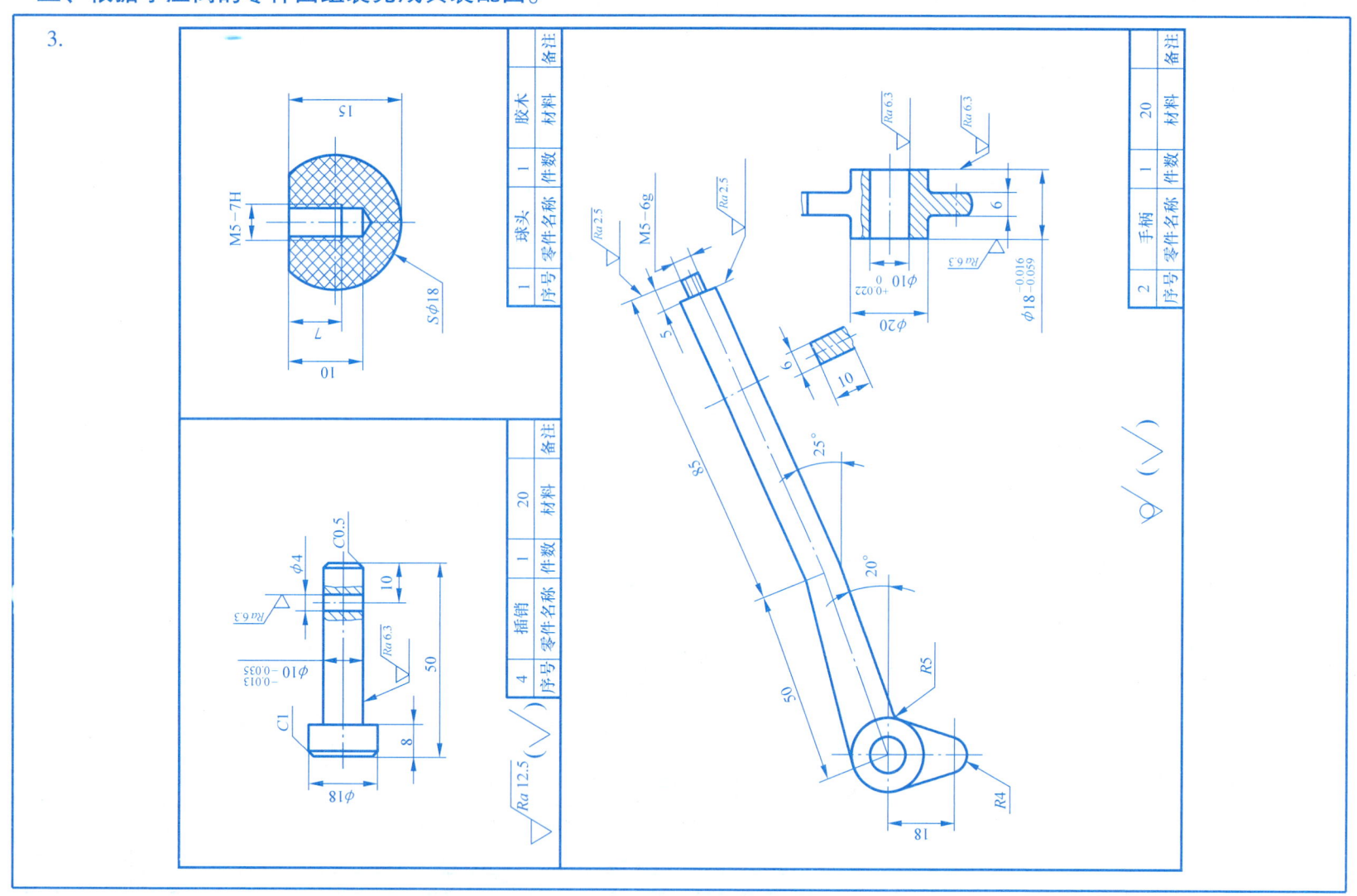

五、根据手压阀的零件图组装完成其装配图。

3.

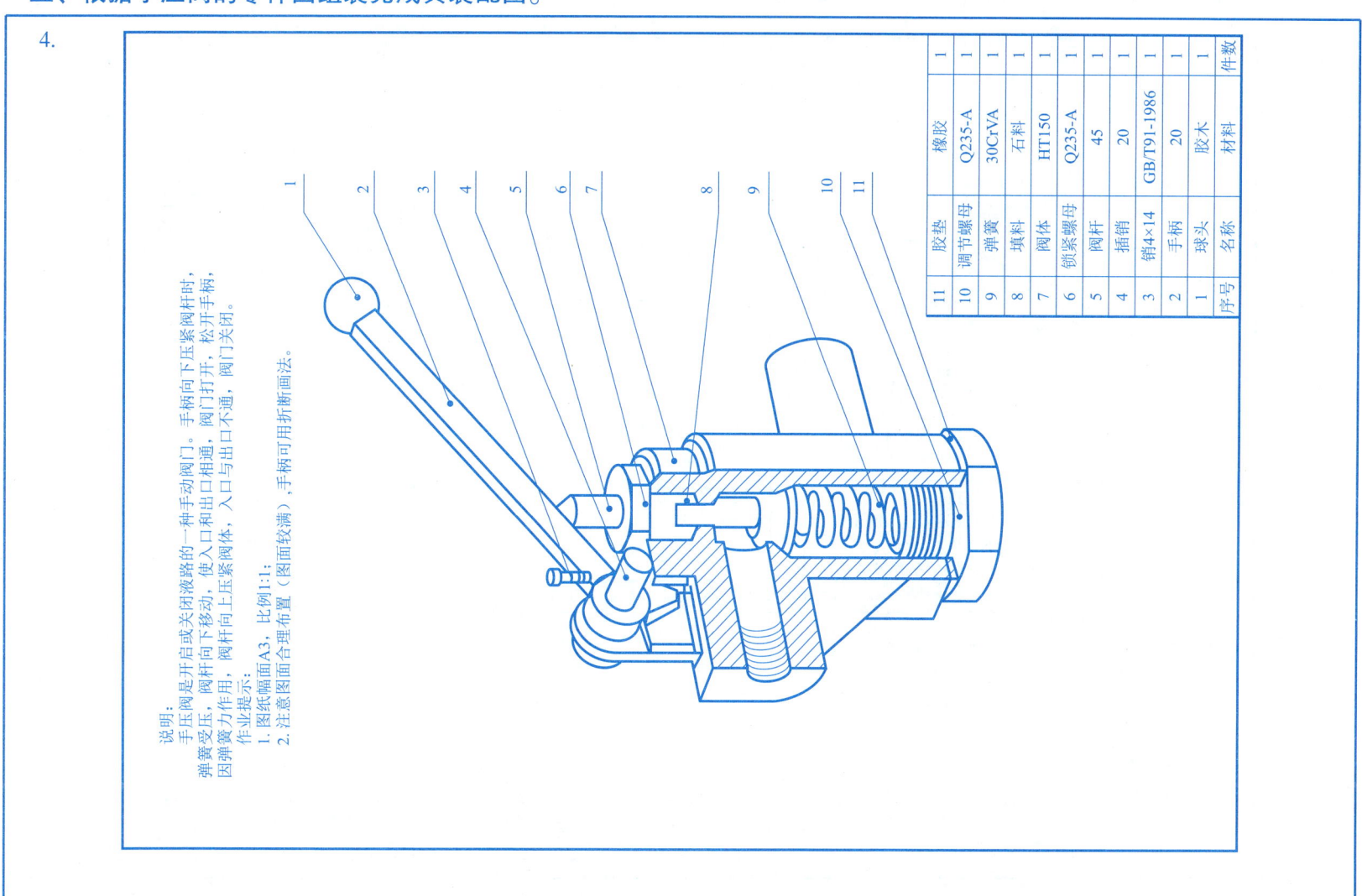

五、根据手压阀的零件图组装完成其装配图。

4.

11	10	9	8	7	6	5	4	3	2	1	序号
胶垫	调节螺母	弹簧	填料	阀体	锁紧螺母	阀杆	插销	销4×14	手柄	球头	名称
橡胶	Q235-A	30CrVA	石料	HT150	Q235-A	45	20	GB/T91-1986	20	胶木	材料
1	1	1	1	1	1	1	1	1	1	1	件数

说明：
手压阀是开启或关闭液路的一种手动阀门。手柄向下压紧阀杆时，弹簧受压，阀杆向下移动，使入口和出口相通，阀门打开，松开手柄，因弹簧力作用，阀杆向上压紧阀体，入口与出口不通，阀门关闭。

作业提示：
1. 图纸幅面A3，比例1:1。
2. 注意图面合理布置（图面较满），手柄可用折断画法。

班级： 姓名： 学号： 成绩：

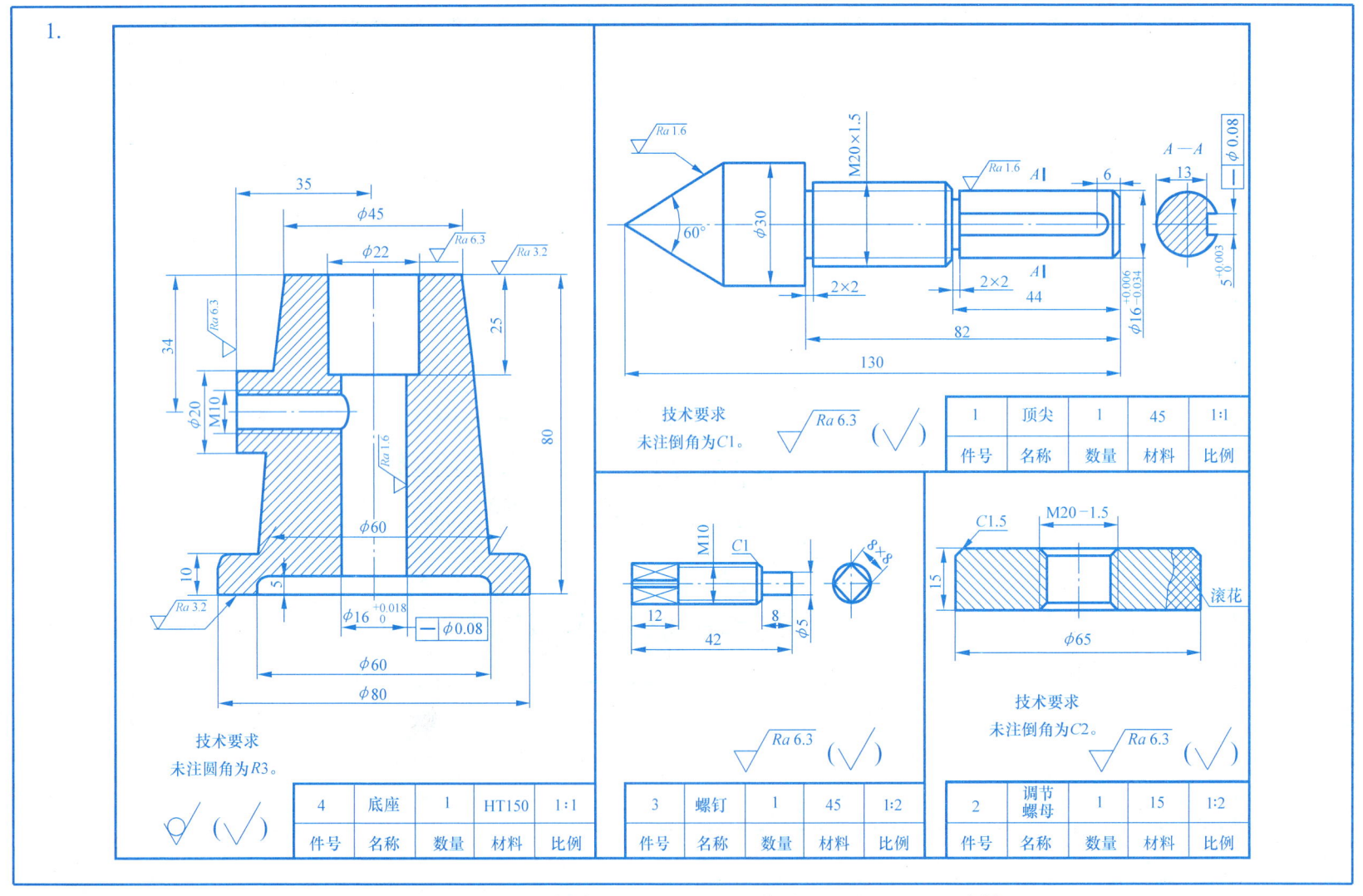

六、根据所给的装配结构图和零件图，绘制顶尖的装配图。

1.

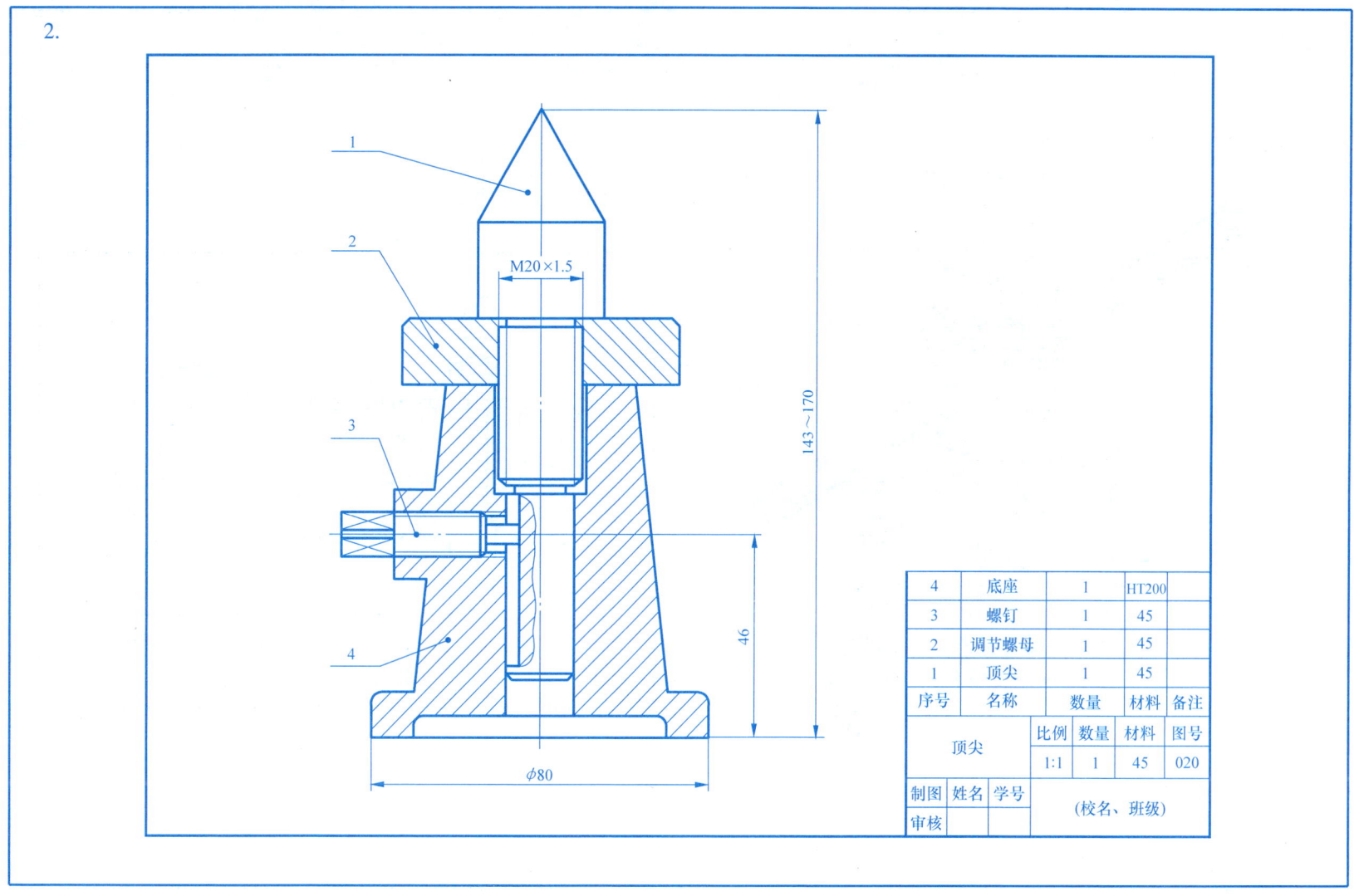

六、根据所给的装配结构图和零件图，绘制顶尖的装配图。

2.

4	底座	1	HT200	
3	螺钉	1	45	
2	调节螺母	1	45	
1	顶尖	1	45	
序号	名称	数量	材料	备注

顶尖	比例	数量	材料	图号
	1:1	1	45	020
制图	姓名 学号	(校名、班级)		
审核				

班级： 姓名： 学号： 成绩：

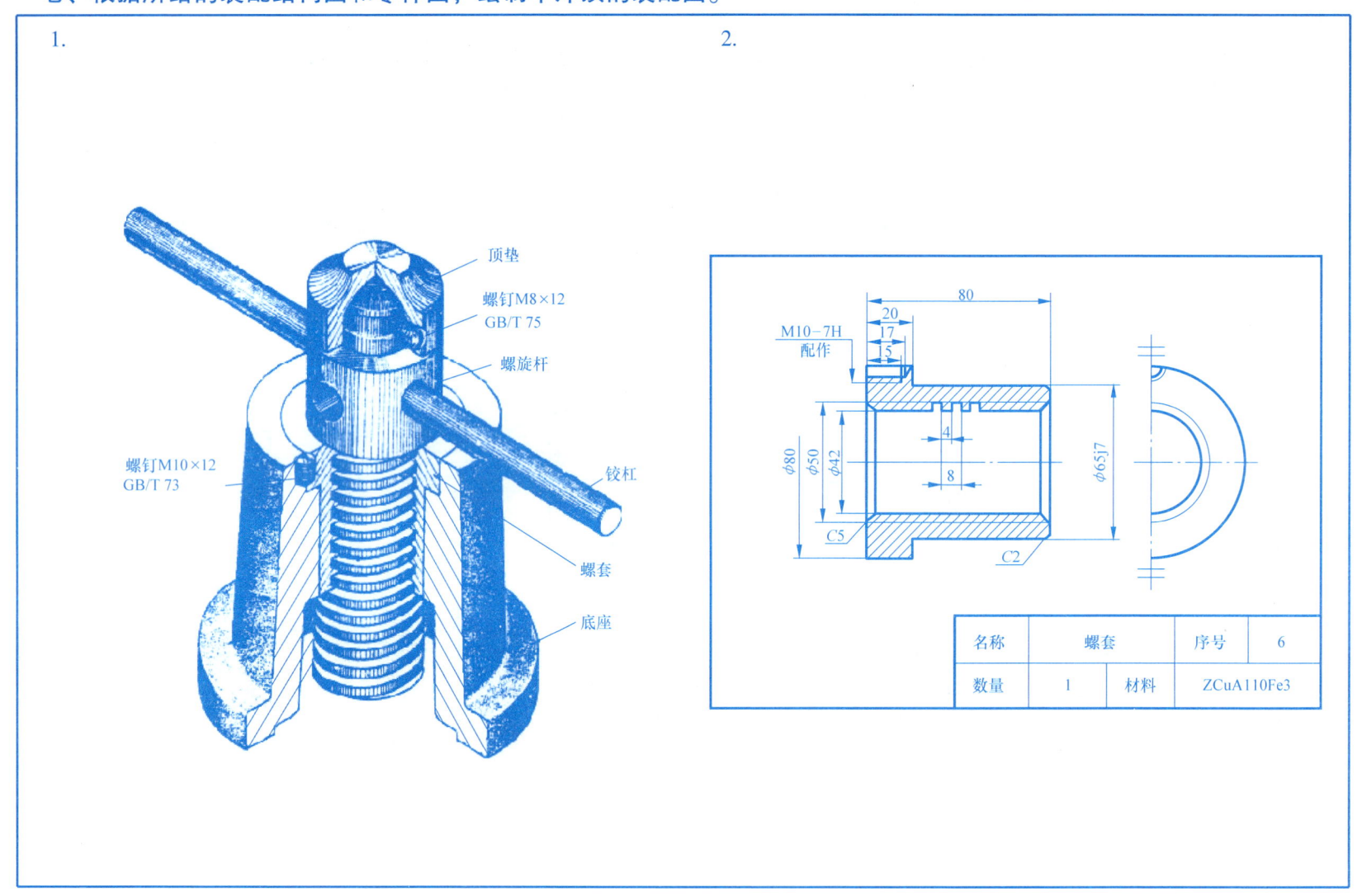

七、根据所给的装配结构图和零件图，绘制千斤顶的装配图。

1.

顶垫
螺钉M8×12 GB/T 75
螺旋杆
螺钉M10×12 GB/T 73
铰杠
螺套
底座

2.

M10-7H 配作
80
20
17
5
4
8
φ80
φ50
φ42
φ65j7
C5
C2

名称	螺套	序号	6
数量	1	材料	ZCuA110Fe3

班级： 姓名： 学号： 成绩：

— 102 —

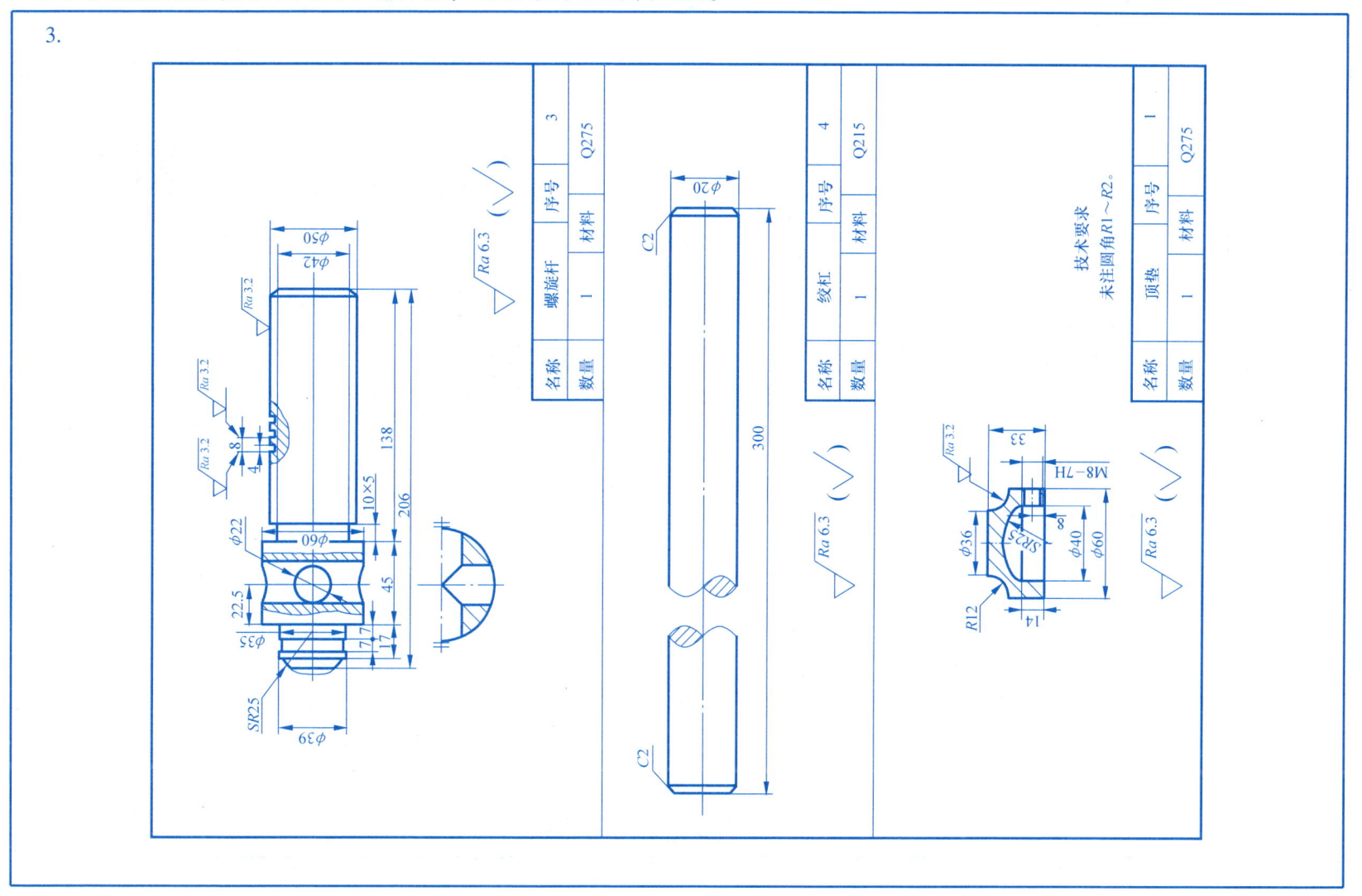

七、根据所给的装配结构图和零件图，绘制千斤顶的装配图。

3.

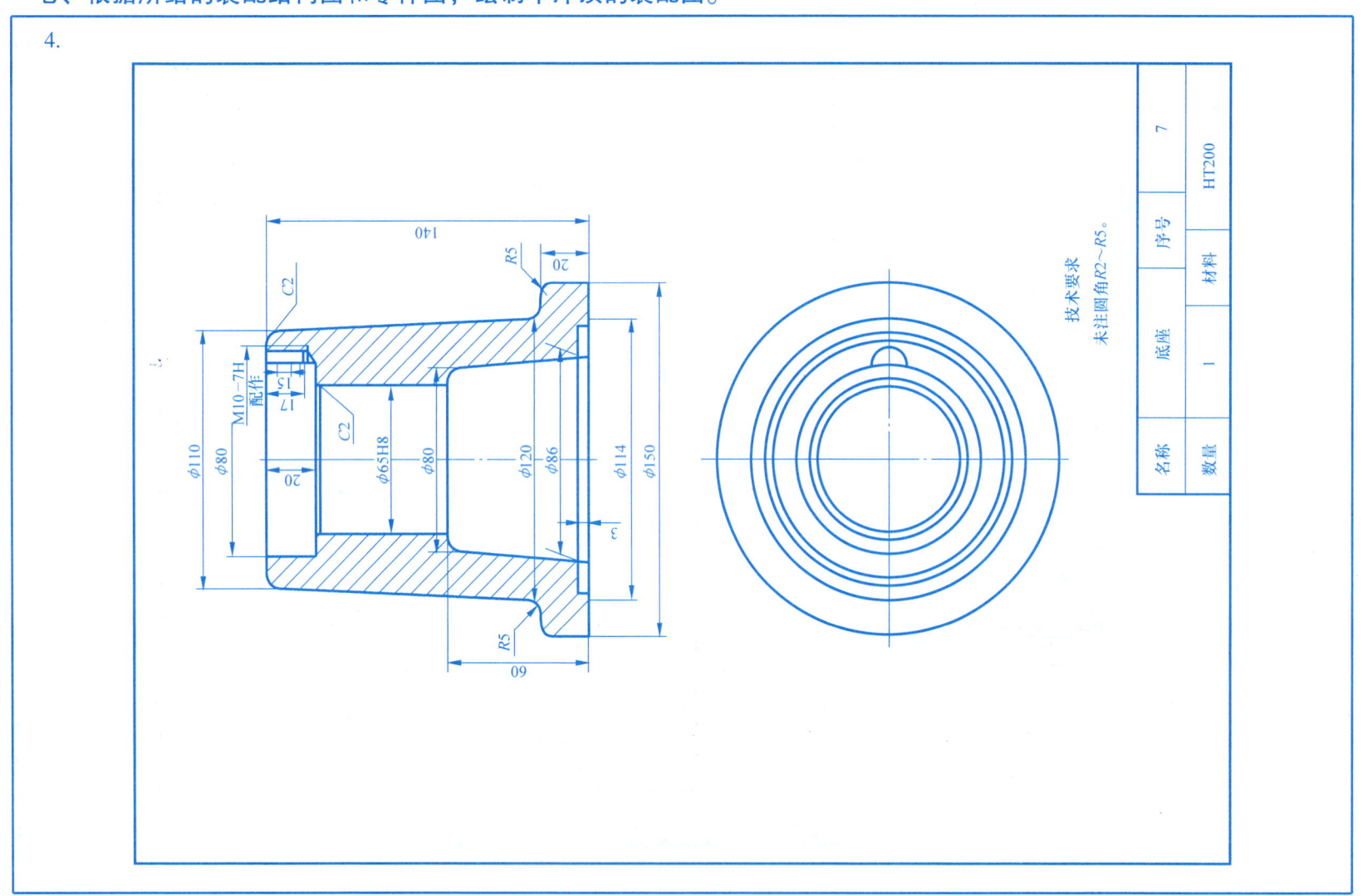

七、根据所给的装配结构图和零件图，绘制千斤顶的装配图。

4.

名称	数量	材料	序号
底座	1	HT200	7

技术要求
未注圆角R2~R5。

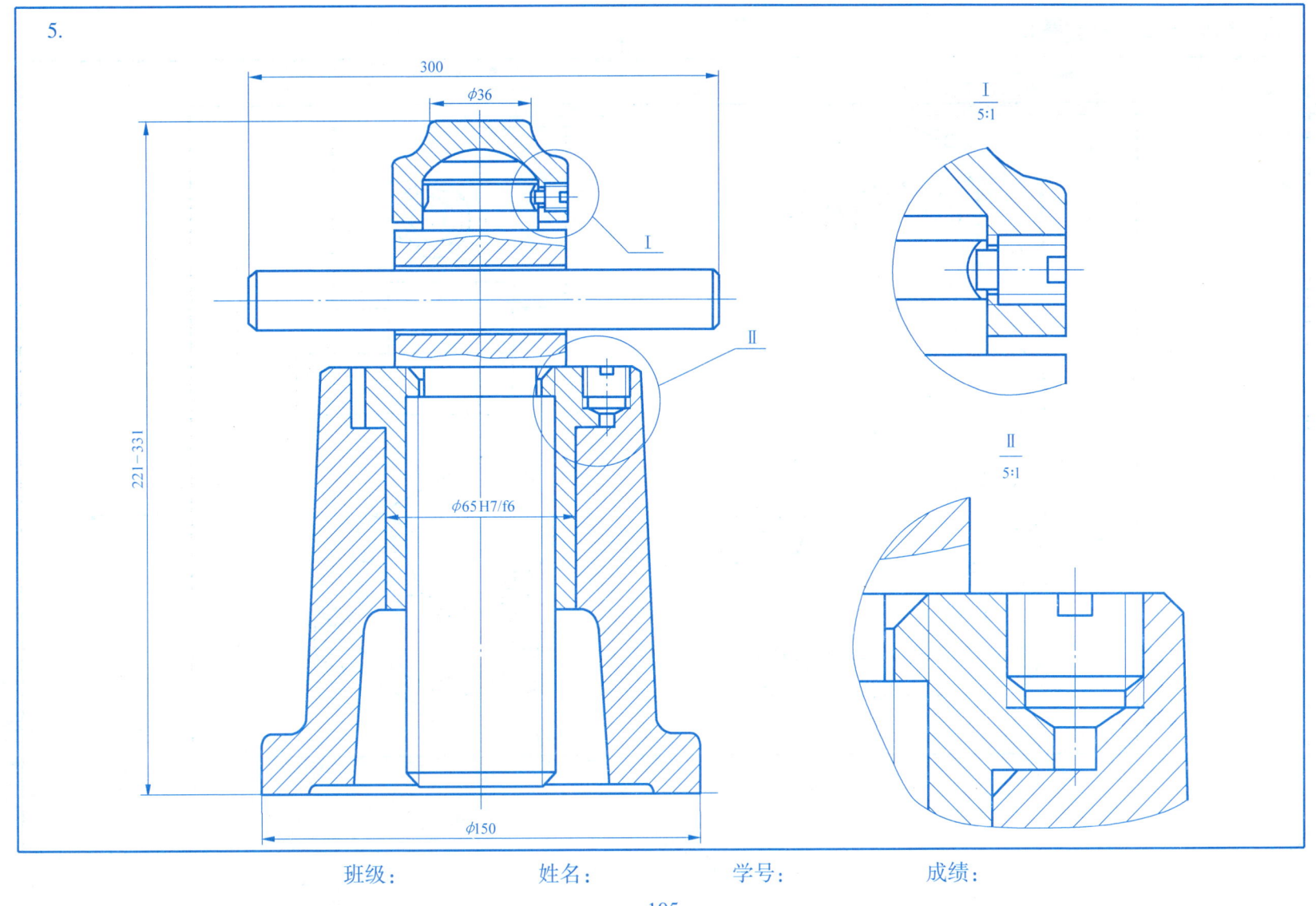

七、根据所给的装配结构图和零件图，绘制千斤顶的装配图。

5.

项目十五　图纸布局与打印输出

将以下图形进行打印预览。

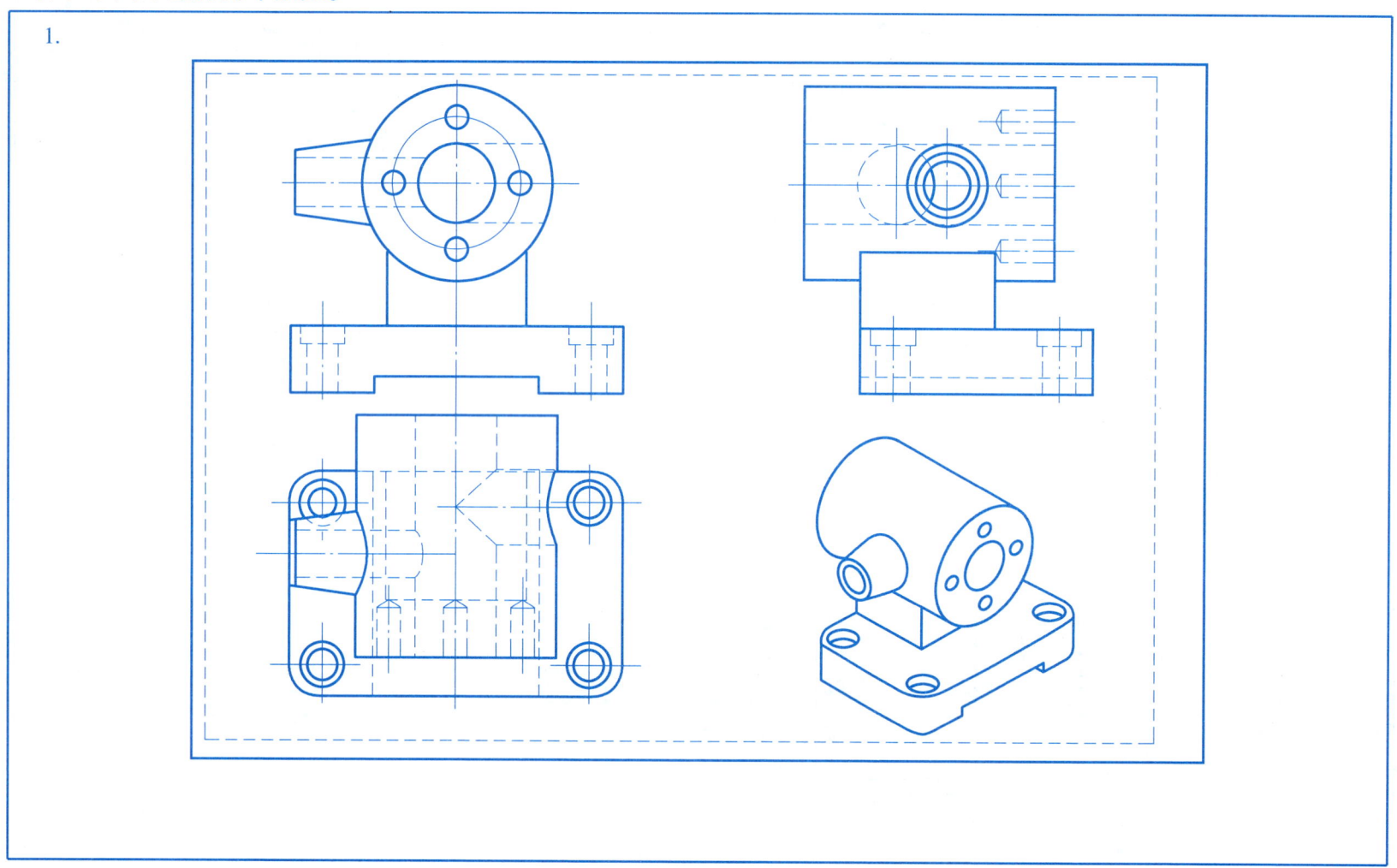

1.

班级：　　　　姓名：　　　　学号：　　　　成绩：

将以下图形进行打印预览。

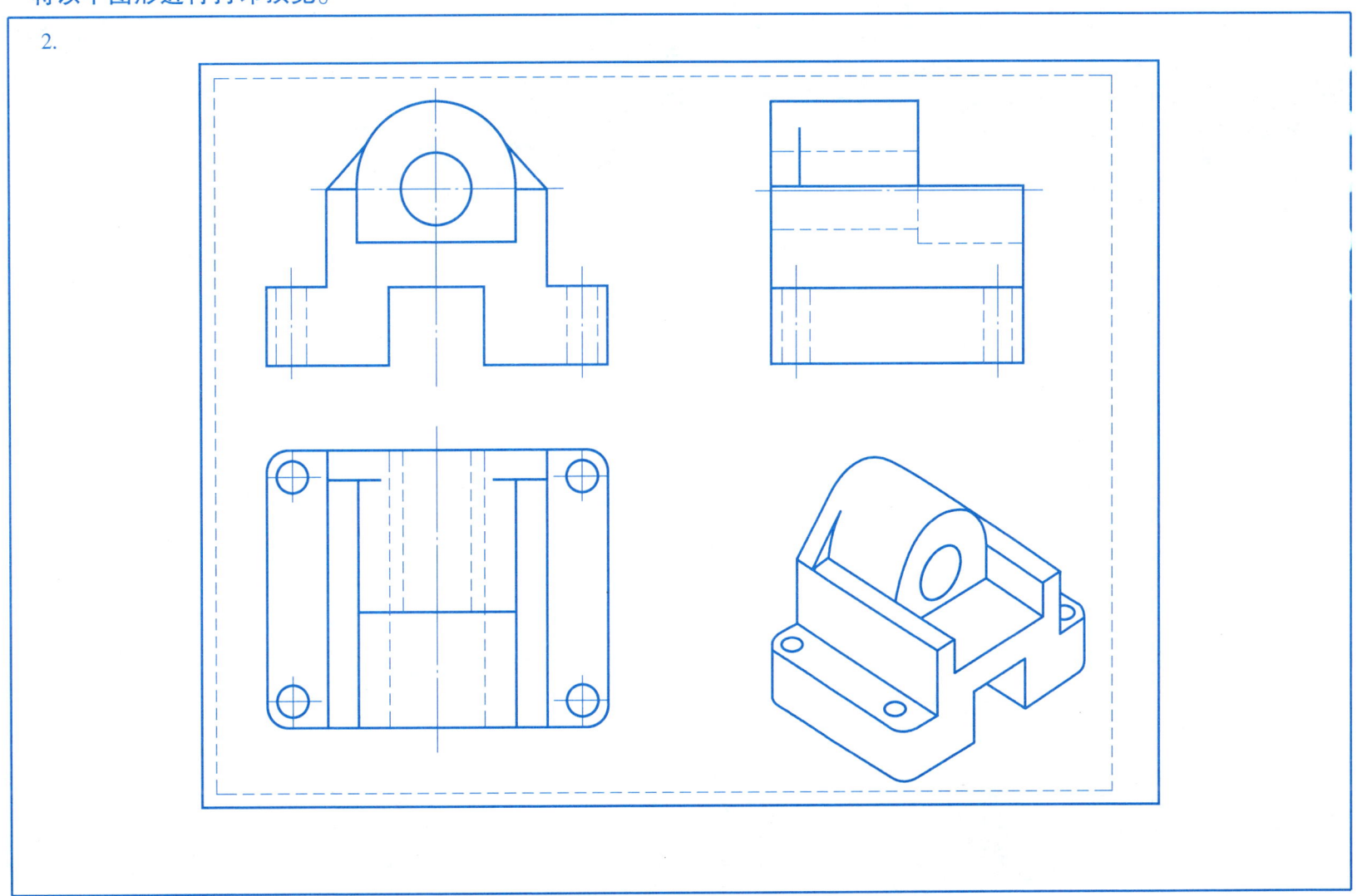

2.

班级：　　　　姓名：　　　　学号：　　　　成绩：